农肽医 | 护卫动物健康

活性肽
+
中药活性成分

靶向酶解破壁

更快更高效

好产品 药有肽

U0381003

河北肽丰生物科技有限公司是一家专门从事小肽产品研发、生产应用的高新技术企业，品贯穿饲料添加剂、动物保健产品、生物助剂等相关领域。拥有9条小分子肽提取生产线且全部通过GMP认证，是国内领先的规模化小肽生产加工企业。独创6T靶向降解生产工艺区别于常规发酵法，产品工艺具稳定性高，可控性强，多重性等特点。

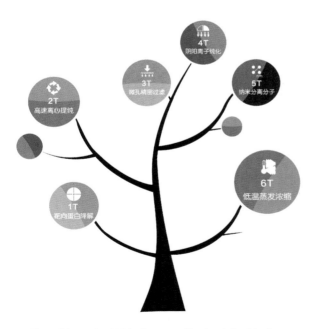

集团核心专利技术：6T靶向降解技术

小分子活性肽的

优 势

生物饲料应用关键技术精选问答（2019）

生物饲料开发国家工程研究中心　编著

中国农业出版社

北　京

图书在版编目（CIP）数据

生物饲料应用关键技术精选问答. 2019/生物饲料
开发国家工程研究中心编著 . —北京：中国农业出版社，
2019.7

ISBN 978-7-109-25879-2

Ⅰ．①生⋯ Ⅱ．①生⋯ Ⅲ．①饲料－生物技术－问题
解答 Ⅳ．①S816-44

中国版本图书馆 CIP 数据核字（2019）第 186922 号

中国农业出版社

地址：北京市朝阳区麦子店街 18 号楼

邮编：100125

责任编辑：周晓艳 王森鹤

责任校对：刘丽香

印刷：北京通州皇家印刷厂

版次：2019 年 8 月第 1 版

印次：2019 年 8 月北京第 1 次印刷

发行：新华书店北京发行所

开本：880mm×1230mm 1/32

印张：3.25 插页：10

字数：66 千字

定价：68.00 元

《生物饲料应用关键技术精选问答》，以问答的形式梳理和总结了生物饲料相关术语及实践应用中的技术问题，自其在第五届生物饲料科技大会上发布以来，在行业内受到广泛好评。

2018年1月1日北京生物饲料产业技术创新战略联盟发布的团体标准《生物饲料产品分类》（T/CSWSL 001—2018），全面系统地规定了生物饲料产品的术语和定义、分类方法和分类体系。2018年7月2日，由农业农村部印发的《农业绿色发展技术导则（2018—2030）》将发酵饲料应用技术、饲料精准配方技术、饲料原料多元化综合利用技术等作为重点研发和集成示范的指导方向。随着2020年饲料端全面禁抗、中美贸易的不断摩擦及养殖业绿色环保的严格要求，饲料资源短缺的问题日益凸显，发酵饲料发展突飞猛进，打造中国特色饲料配方体系迫在眉睫。

为进一步推动生物饲料产业的发展，生物饲料开发国家工程研究中心在《生物饲料应用关键技术精选问答》的基础上，联合中国生物饲料产业创新战略联盟，组织专家、大型企业技术总监及饲博荟青年博士共同编写本书。

本书延续了 2017 年版的问答形式，分为六个部分，进一步完善了生物饲料相关术语定义及生物饲料的基础知识，同时明确了生物饲料的发展前景及相关政策支持、生物饲料的生产工艺、生物饲料的质量检测与评估、生物饲料的应用方案及效果。其中，生物饲料的基础知识涵盖了发酵菌种、饲用酶制剂、菌酶协同发酵、发酵底物、发酵工艺、全价混合发酵饲料、饲料预消化技术和微生物饲料添加剂等。

本书自 2018 年 12 月启动稿件征集以来，编委会共收到 296 条供稿，经编委会初筛、委员组两次复筛、专家组审核、发行组校对，最终精选 150 条。编写过程中，得到了各供稿单位、编委和编辑的大力支持和密切配合，在此致以衷心感谢！

本书为科普推广类书籍，不作为学术研究使用。生物饲料产业百家争鸣，百花齐放，认知也难以达成绝对统一，希望业界同仁多提宝贵意见和建议，共同推动生物饲料产业的健康发展。

生物饲料开发国家工程研究中心编委会

2019 年 8 月

目录 CONTENTS

008　　三、生物饲料基础知识

057 五、生物饲料质量检测与评估

071 **六、生物饲料应用方案及效果**

一 生物饲料发展前景及相关政策支持

1. 生物饲料发展的市场前景如何?

答:过去的 40 年,饲料工业的发展取得了辉煌的成就,但目前产业进入平台期,增长量较为缓慢,饲料行业作为一个独立的工业门类已经发展的比较成熟。面对"禁抗""非洲猪瘟""环保""食品安全""中美贸易摩擦"等严峻的市场挑战,生物饲料助推饲料企业的转型升级。据不完全统计,目前全国排名前 50 位的饲料企业,均自己生产或使用生物发酵饲料。据专家预测,未来 3 年内,生物发酵饲料在饲料总量中的占比,至少不会低于 15%,根据 2018 年饲料总量 2.28 亿 t 计算,保守估计生物发酵饲料需要 3 000 万 t(以上)。预计 2025 年将超过 6 000 万 t。生物饲料是未来的发展方向,目前我国从事生物饲料行业的企业数量已有 1 000 多家,微生物饲料添加剂和酶制剂产量已超过 20 万 t,发酵饲料产量 110 多万 t,增幅超过 20%,未来生物饲料在我国存在巨大的市场空间。

2. 生物饲料在学术上是否值得研究？

答：李德发院士、印遇龙院士和麦康森院士一致认为：未来20年，生物饲料、生物添加剂等微生物有关技术研究肯定是最有前途的，它将颠覆传统的养殖模式。同时，大量的研究文献报道，生物饲料可以有效降低饲料原料中的抗营养因子，提高饲料消化利用率，改善畜禽生产性能，促进动物肠道健康，改善动物肉、蛋、奶的品质等。但生物饲料产品形态多样、成分复杂，现阶段对其安全性、稳定性、发酵工艺及其作用机制的认识仍不成熟，亟待进一步研究。生物饲料俨然已经成为畜牧行业的热点之一，迫切需要建立一门独立的学科聚焦研究生物饲料的理论框架和关键技术。

3. 面对 2020 年的全面禁抗，生物饲料是否能占据一席之地？

答：生物饲料已成为未来饲料行业抗生素减量替代的重要环节之一。为推进我国饲料行业抗生素减量替代，促进养殖业绿色发展，农业农村部畜牧兽医局启动实施了饲用抗生素减量替代项目，项目围绕饲料调制、营养调控、动物健康等重点环节开展，其中微生物发酵处理、生物酶解处理、菌酶协同处理等生物饲料核心技术成为饲料调制环节的重点研究内容，将围绕生物饲料产业方向，建立生物饲料标准化生产体系，开展生物饲料原料和菌种的安全性评价、质量控制、生产工艺及配套设施和技术服务等标准，培育生物发酵饲料企业和联合体，建立研发、生产、应用联动发展模式。

4. 农业农村部对生物饲料产业的关注度如何？

答：为了确保生物饲料产业健康可持续发展，农业农村部畜牧业司发布《农业农村部畜牧业司关于开展 2018 年饲料质量安全预警工作的通知》（农牧饲便函〔2018〕第 34 号），设立生物饲料安全预警平台，全国布局生物饲料监测站，由生物饲料开发国家工程研究中心、中国农业科学院饲料研究所、国家饲料质量监督检验中心（北京）等 8 家单位共同承担，计划在全国范围内首批选取 100 家定点监测单位，涵盖生物发酵菌剂生产企业、生物饲料生产企业、养殖场等，并采用"定点＋随机""定期＋不定期抽检""自检＋盲样互检"的操作原则，在全国范围内开展质量预警监测，为畜牧饲料产业健康发展保驾护航。

与此同时，农业农村部畜牧兽医局为保障生物饲料的推广应用取得更大的成绩，将从以下三个方面开展工作：①进一步加强对生物饲料的支持力度；②积极完善法律法规制度，在确保安全的前提下，加快新产品审批，特别是微生物发酵类产品审批的进度，激发企业新产品研发和申报的积极性；③加强对生物饲料的质量安全监管，以违规使用菌种和培养基为重点，启动生物饲料产品的检测，加快相关检测方法的制定和发布，严厉打击违法违规行为。

5. 生物饲料产业在未来几年内会得到政策上的持续支持吗?

答:2018 年 7 月农业农村部印发的《农业绿色发展技术导则(2018—2030 年)》的主要任务中将"发酵饲料应用技术、畜禽水产饲料营养调控关键技术、促生长药物饲料添加剂替代技术"作为重点研发任务,"饲料原料多元化综合利用技术、非常规饲料原料提质增效技术"列入集成示范任务。由此可知,未来十年将会是生物饲料发展的春天。大力发展地源饲料是饲料原料多元化的唯一出路,以"酶解"和"发酵"为核心的原料预消化技术是精准营养的必要措施和手段,菌酶协同发酵技术将成为生物饲料行业的主流技术。同时,应加速生物技术和传统动物营养学的融合,大力发展发酵设备和装备,加强我国地源饲料营养数据库建设,逐步试点生物发酵饲料产品准入制度。

6. "十三五"国家科技创新规划是如何定位生物饲料的?

答:2016 年 8 月,国务院发布《"十三五"国家科技创新规划》,主要明确"十三五"时期科技创新的总体思路、发展目标、主要任务和重大举措,是国家在科技创新领域的重点专项规划。其中,在第二篇第五章专栏 4"现代农业技术"中明确指出,要以生物肥料、生物饲料为重点,开展作用机制、靶标设计、合成生物学等研究，创制新型基因工程疫苗和分子诊断技术、生物农药、生物饲料等农业生物制品，并实现产业化。

7. "十三五"科技部生物技术创新专项是如何定位生物饲料的？

答：2017年4月，科技部发布《"十三五"生物技术创新专项》以加快推进生物技术与生物技术产业发展。生物技术作为重点发展的高新技术，在"十三五"乃至更长一段时期，需要实现更多突破，为创新驱动发展提供战略支撑。专项设置4大方向、15个子方向、12项专栏。其中，生物饲料添加剂新产品作为生物农业方向下专栏8的重点任务之一，必将推动生物饲料产业的飞速发展。

8. "十三五"国家战略性新兴产业发展规划是如何定位生物饲料的？

答：生物饲料作为国家战略性新兴产业前景广阔。2017年2月，国家发展和改革委员会发布《战略性新兴产业重点产品和服务指导目录》2016版，涉及战略性新兴产业5大领域、8个产业、40个重点方向下的174个子方向，近4 000项细分产品和服务。该目录作为国家发展和改革委员会2017年1号文件内容，将引导全社会资源投向。其中，生物饲料作为生物农业产业的6大重点产品之一，也将成为饲料产业供给侧改革的重要突破口。

二　生物饲料相关术语定义

9. 什么是生物饲料？

答：根据北京生物饲料产业技术创新战略联盟 2018 年 1 月 1 日发布的团体标准《生物饲料产品分类》（T/ CSWSL 001—2018），生物饲料是指使用《饲料原料目录》和《饲料添加剂品种目录》等国家相关法规允许使用的饲料原料和添加剂，通过发酵工程、酶工程、蛋白质工程和基因工程等生物工程技术开发的饲料产品的总称，包括发酵饲料、酶解饲料、菌酶协同发酵饲料和生物饲料添加剂等。

10. 什么是发酵饲料？

答：根据北京生物饲料产业技术创新战略联盟 2018 年 1 月 1 日发布的团体标准《生物饲料产品分类》（T/ CSWSL 001—2018），发酵饲料是指使用《饲料原料目录》和《饲料添加剂品种目录》等国家相关法规允许使用的饲料原料和微生物，通过发酵工程技术生产、含有微生物或其代谢产物的单一饲料和混合饲料。

11. 什么是酶解饲料？

答：根据北京生物饲料产业技术创新战略联盟 2018 年 1 月 1 日发布的团体标准《生物饲料产品分类》（T/CSWSL 001—2018），酶解饲料是指使用《饲料原料目录》和《饲料添加剂品种目录》等国家相关法规允许使用的饲料原料和酶制剂，通过酶工程技术生产的单一饲料和混合饲料。

12. 什么是菌酶协同发酵饲料？

答：根据北京生物饲料产业技术创新战略联盟 2018 年 1 月 1 日发布的团体标准《生物饲料产品分类》（T/CSWSL 001—2018），菌酶协同发酵饲料是指使用《饲料原料目录》和《饲料添加剂品种目录》等国家相关法规允许使用的饲料原料、酶制剂和微生物，通过发酵工程和酶工程技术协同作用生产的单一饲料和混合饲料。

13. 什么是生物饲料添加剂？

答：根据北京生物饲料产业技术创新战略联盟 2018 年 1 月 1 日发布的团体标准《生物饲料产品分类》（T/CSWSL 001—2018），生物饲料添加剂是指通过生物工程技术生产，能够提高饲料利用效率、改善动物健康和生产性能的一类饲料添加剂，主要包括微生物饲料添加剂、酶制剂和寡糖等。

14. 什么是发酵液体饲料？

答：发酵液体饲料是将食品加工副产品、农副产品或其他饲料原料与水以 1：（1.5～4）的比例混合，接种乳酸菌等微生物饲料添加剂充分发酵后形成的一种低 pH 的、含有多种有益微生物及其代谢产物的全价液体饲料。根据状态是否稳定，发酵液体饲料分为"浅度发酵液体饲料"和"深度发酵液体饲料"。

三 生物饲料基础知识

15. 发酵饲料和菌酶协同发酵饲料中可以使用的微生物菌种有哪些?

答：根据《生物饲料产品分类》（T/ CSWSL 001—2018），发酵饲料、菌酶协同发酵饲料和微生物饲料添加剂中可以使用的微生物菌种应在《饲料添加剂品种目录》中，目前有乳酸菌、丙酸杆菌、芽孢杆菌、酵母菌、霉菌和光合细菌六大类，具体包括以下 35 个菌种。

①乳酸菌　肠球菌属的粪肠球菌、屎肠球菌和乳酸肠球菌，乳杆菌属的德式乳杆菌乳酸亚种、德氏乳杆菌保加利亚亚种、嗜酸乳杆菌、干酪乳杆菌、副干酪乳杆菌、植物乳杆菌、罗伊氏乳杆菌、纤维二糖乳杆菌、发酵乳杆菌和布氏乳杆菌，双歧杆菌属的两歧双歧杆菌、婴儿双歧杆菌、长双歧杆菌、短双歧杆菌、青春双歧杆菌和动物双歧杆菌，片球菌属的乳酸片球菌、戊糖片球菌，链球菌属的嗜热链球菌。

②丙酸杆菌　产丙酸丙酸杆菌。

③芽孢菌　芽孢杆菌属的地衣芽孢杆菌、枯草芽孢杆

菌、迟缓芽孢杆菌、短小芽孢杆菌和凝结芽孢杆菌，短芽孢杆菌属的侧孢短芽孢杆菌，梭菌属的丁酸梭菌。

④酵母菌　产朊假丝酵母和酿酒酵母。

⑤霉菌　黑曲霉和米曲霉。

⑥光合细菌　沼泽红假单胞菌。

16. 饲料发酵必须额外添加菌种吗？

答：就技术而言，饲料发酵不一定要额外添加菌种，因为很多饲料原料，特别是青绿饲料原料本身就含有较为丰富的乳酸菌、酵母菌等微生物，可以直接发酵。

如果使用了大量谷物或副产品原料，并且为了满足不同批次发酵饲料产品质量稳定均一的要求，现在发酵饲料生产实践中一般都额外添加较大量的发酵菌剂，以保证产品的稳定性。

17. 发酵菌种的选择应注意哪些方面？

答：发酵菌种选择首先应在农业部（现农业农村部）公布的《饲料添加剂品种目录》范围内。但作为发酵饲料用菌种的选择，核心目的在于原料的预处理或发酵的代谢产物，不同于作为饲料添加剂中微生物的选择。不同目的的发酵饲料选择的菌种是不一样的。另外，生物发酵饲料也并非是一定要使用常规的饲料原料或副产品原料。

选择菌种时应围绕以下几点：

①用于处理原料中的抗营养因子，如豆粕中的大豆抗原、寡糖，菜粕中的硫苷、单宁，全脂米糠中的植酸磷等，应选择分解相应抗营养因子能力强的菌株，当然一些酶制剂也有相应效果，主要看成本和价值。

②用于原料中纤维素、淀粉、蛋白质的预消化，此时应选择产纤维素酶、非淀粉多糖酶、淀粉酶、蛋白酶能力强的菌株。也可直接选择相应的酶制剂，视综合成本和价值而定。

③用于生产普通的初级代谢产物，如乳酸、丁酸、营养性小肽等，应选择产酸能力强、产小肽含量高的菌株。

④用于产生功能性发酵代谢产物，如功能性小肽。应先明确目标功效成分是什么，再选择相应菌株（一般需要特定发酵底物或诱导物），也可使用部分定位水解酶。

18. 如何选择饲料发酵的菌种种类？

答：目前常见的饲料发酵菌种主要包括三类：芽孢杆菌类、乳酸菌类和真菌类。

发酵菌种的选择根据发酵目的而定：对于降解原料中大分子蛋白或多糖等，可以选择产酶能力较强的芽孢杆菌类或真菌类中的曲霉类；以生鲜原料保存为目的的饲料发酵可以选择乳酸菌类；对于高糖原料的增值利用、生产菌体蛋白等可以选择真菌中的酵母类进行发酵。

19. 饲料发酵过程中菌种的接种量是多少？

答：发酵饲料生产中菌种接种量没有统一的固定值，接种量受菌液或菌粉有效活菌数、发酵原料质量优劣、发酵周期长短、菌种成本等方面的影响，按照目前市场上大多数发酵饲料企业菌种用量，一般芽孢杆菌（10 亿～1 000 亿 CFU/g）、乳酸菌（10 亿～100 亿 CFU/g）、酿酒酵母（10 亿～100 亿 CFU/g）菌粉混合物的添加量在 0.1%～0.3%，使用活化菌液的添加量则为 2%～5%。

20. 如何从自然界中分离筛选优势菌株？

答：自然界的微生物是混杂生存的，要从中分离出一种微生物，不仅需要考虑分离源应含有较多数量的目的菌，还要在分离操作中使之与其他菌种相互分开。对于样品中含量较低的菌种，要针对其生物学特点合理设计分离方法，如采用培养组学，优化培养基和培养条件，通过富集培养、选择培养，并利用其特殊的生理反应产生特定的生长现象等，从大量杂菌中选出目的菌。

从混杂群体中分离特定微生物的常用方法有：控制分离培养基的营养成分、控制培养基的 pH、添加抑制剂、控制培养温度、控制空气条件、对样品进行特殊处理等。常用的纯种分离方法有平板划线分离法、简单平板分离法、稀释分离法、涂布分离法、毛细管分离法、显微操作单细胞分离法等。

21. 丁酸梭菌、凝结芽孢杆菌是否适用于饲料发酵?

答：这两种微生物的主要功效在于产酸，假设应用也是适合于厌氧固体发酵，单就产酸而言，是否优于常用的粪肠球菌、屎肠球菌、植物乳杆菌等还没有定论。丁酸梭菌与凝结芽孢杆菌优于常用乳酸菌的最主要特征是其比较耐热，能够耐受饲料制粒，但在发酵饲料过程中没有高温阶段，因而这两种菌的最主要优势并没有得到充分发挥。

22. 不同畜种的发酵菌种有哪些区别或侧重?

答：不同畜种的肠道微生物组成和结构不同，对益生菌的需求也不同，从大的分类水平而言，有的偏重乳杆菌，有的偏重肠球菌，有的偏重酵母菌；从功能角度而言，有的偏重纤维素分解能力强的菌，有的偏重蛋白质分解能力强的菌；从菌株水平而言，某些特定的菌株在某种动物上有特定效果，在其他动物上则体现不出明显效果。

随着人们对动物肠道微生物认识的不断深入，不同畜种对不同发酵菌种的差异化需求会更加凸显。

13

23.
乳酸菌、芽孢杆菌和酵母菌发酵过程中产生的功能性代谢产物有哪些？其中哪些具有较高的热稳定性？

答：乳酸菌、芽孢杆菌和酵母菌发酵过程中主要的代谢产物有酶类、肽类、有机酸类、胞外多糖类、维生素类、内酯类、氨基酸类以及一些风味物质类。酶类包括蛋白酶、淀粉酶、纤维素酶、脂肪酶等；肽类包括芽孢杆菌产的伊枯草菌素、杆菌肽、表面活性素等，和乳酸菌产的乳酸菌素等；有机酸类包括乳酸、乙酸、丙酸、丁酸等；胞外多糖包括 β-D-葡聚糖、β-D-果聚糖、聚半乳糖及异型多糖等；维生素类包括维生素 B_1、维生素 B_6 等 B 族维生素；内酯类如异香豆素等；氨基酸包括甘氨酸、谷氨酸、亮氨酸、γ-氨基丁酸等多种必需氨基酸和非必需氨基酸；风味物质类包括 3-羟基-2-丁酮、四甲基吡嗪、异戊酸、2-甲基-2-丁烯酸、苯乙酸等。

其中有机酸中的乳酸，大部分胞外多糖、肽类物质、内酯类物质、氨基酸，一部分维生素以及很多风味物质都具有较好的热稳定性。

24.
微生物及其代谢产物在动物体内是否会引起免疫应答？如何减少免疫应答中的能量消耗？

答：微生物细胞及其代谢产物对动物而言不必然是抗原，比如维生素是微生物的代谢产物，但维生素显然不是抗原。微生物细胞也一样。一个健康的动物肠道系统本身就包含了大量的微生物，动物首先通过一个物理屏障将大部分微生物与免疫系统隔离开来，这个物理屏障包括紧密连接蛋白、抗菌蛋白、黏液等。而且动物的免疫系统和这些微生物之间始终保持动态平衡过程，这个过程包括免疫系统对致病菌的免疫应答和对有益菌的耐受性。因此，有益菌的应用并不会使动物产生免疫反应，更不会降低饲料报酬。

25. 如何提高菌种的活化效果？活化不充分或活化时间过长会有什么影响？

答：提高活化过程的洁净程度，提高活化温度的稳定性，适当延长活化时间，优化碳氮源等活化液的成分配比等，都可以提高菌种活化的效果。活化不充分会使发酵启动减慢，减弱发酵效果；活化时间过长会增加污染风险，降低生产效率。

26. 酶解饲料和菌酶协同发酵饲料中可以使用的酶制剂有哪些？

答：根据北京生物饲料产业技术创新战略联盟 2018 年 1 月 1 日发布的团体标准《生物饲料产品分类》（T/ CSWSL 001—2018），发酵饲料中使用的酶制剂应在《饲料添加剂品种目录》中，目前有 13 种，包括产自黑曲霉、解淀粉芽孢杆菌、地衣芽孢杆菌、枯草芽孢杆菌、长柄木霉、米曲霉、酸解支链淀粉芽孢杆菌和大麦芽的淀粉酶，产自黑曲霉的

α-半乳糖苷酶，产自长柄木霉、黑曲霉、孤独腐质霉和绳状青霉的纤维素酶，产自黑曲霉的 β-葡聚糖酶，产自枯草芽孢杆菌、长柄木霉、绳状青霉、解淀粉芽孢杆菌和棘孢曲霉的 β-葡聚糖酶，产自特异青霉和黑曲霉的葡萄糖氧化酶，产自黑曲霉和米曲霉的脂肪酶，产自枯草芽孢杆菌的麦芽糖酶，产自迟缓芽孢杆菌、黑曲霉、长柄木霉的 β-甘露聚糖酶，产自黑曲霉、棘孢曲霉的果胶酶，产自黑曲霉、米曲霉、长柄木霉和毕赤酵母的植酸酶，产自黑曲霉、米曲霉、枯草芽孢杆菌、长柄木霉和地衣芽孢杆菌的角蛋白酶，产自米曲霉、孤独腐质霉、长柄木霉、枯草芽孢杆菌、绳状青霉、黑曲霉和毕赤酵母的木聚糖酶。

27. 实际生产中如何选择酶制剂?

（1）根据动物种类选择

需添加的主要酶种见下表：

猪	家禽	反刍动物	水产动物
内源消化酶、降解抗营养因子的酶	内源消化酶、降解抗营养因子的酶（要求更高酶活力）	以非淀粉多糖酶为主	内源蛋白酶为主，草食性种类补充半纤维素酶和纤维素酶

（2）根据动物生理需要选择

在同种动物、不同生理状况下对酶有不同需求：①消化机能尚未发育完全的幼龄动物、由于疾病或衰老引起消化酶分泌不足的动物应添加酶制剂帮助其消化；②健康成年动物当自身所产酶能完全满足充分消化时无需添加；③当饲料中某些成分过多、有抗营养因子存在时，会阻碍正常消化过程，自身所产生的酶不能将底物完全消化应添加酶制剂。加入的外源酶种类主要根据日粮类型、日粮中抗营养因子的种类来选择。

28. 如何对酶制剂及其应用效果进行评价？

答：酶制剂应用效果的评价不像一般的营养成分或添加剂那样相对容易。大多情况下，是以酶活测定作为常用的评价方法，但因其测定的底物和条件（结构简单的可溶性底物、pH 和温度）与动物消化道内的实际情况（结构复杂不溶于水的天然底物、pH、蛋白水解酶、温度和金属离子等）存在较大差异，不能真实反映饲用酶的应用效果。必须用多种方法综合评价，方能判断其有效性。

首先，对酶制剂活性和稳定性进行评定，通过不同温度、pH、离子浓度和内源蛋白酶等对酶制剂进行初步筛选。然后，利用体外消化模拟技术对其添加剂量和组合进行进一步筛选。最后，对筛选的酶制剂配方进行动物试验验证，即开展消化代谢试验和生产性能指标测定，评价其对营养物质消化吸收和动物生产性能的影响。

29. 目前对酶制剂的改良措施有哪些？

答：微生物代谢产生的天然酶在催化效率、抗蛋白酶水解、热稳定性及成本方面均存在较多问题。经过对产酶菌株的改良，包括基因工程技术和诱变技术，可在一定程度上解决天然酶在耐酸性、热稳定性、抗胃蛋白酶能力等方面的不足，使酶活性得到充分发挥，并创造新的具有优良特性的酶蛋白质分子。

30. 液体酶制剂是否比粉状酶制剂使用效果更好?

答：同一菌种和工艺发酵产出的酶，无论液体还是粉状，其理论效用是一样的。用于颗粒饲料的酶在不能耐热的情况下，液体后喷涂克服了耐热的问题。固体酶具有添加方便等优势，随着研发水平的提升，能在85℃以下保持较高耐受能力的天然耐热酶也逐步走向市场。液体酶克服了制粒的问题而且成本相对较低，但不同厂家所添加的稳定剂是否会影响动物生产效果需要评估，同时，液体酶后喷涂也可能带来一些问题，如均匀性、稳定性、加工成本、效率、维护成本等。市场这么大，有各类客户群体存在，液体酶和固体酶都有发展前景，关键是菌种产酶技术要不断创新，满足市场需求。

31. 当前饲用纤维素酶能够把纤维素降解成葡萄糖吗?

答：纤维素降解意义重大，当前属于世界性难题。纤维素是植物细胞壁的组成部分，纤维素酶把长链的纤维素打断后，会导致细胞破裂，同时会释放细胞内的营养物质，提高饲料的利用率，纤维素酶并不是要把纤维素降解成葡萄糖后被机体吸收。纤维素酶是指能降解纤维素的一类酶的总称，根据酶功能的不同主要分为三类：内切葡聚糖酶、外切葡聚糖酶和β-葡聚糖苷酶。这3种酶要联合作用才能把纤维素降解成葡萄糖，自然界的降解过程很漫长。就目前发酵技术而言，这3种酶不可能同时发酵出来。纤维素酶有没有起作用，要看加纤维素酶的目的，如果想把纤维素分解成葡萄糖，那肯定是不行的。但饲料中加纤维素酶的目的，主要是使纤维素软化、变细、变短，从而减少消化时纤维素对营养物质的缠绕、阻碍、包裹等作用。

32. 什么是葡萄糖氧化酶？其作用机制是什么？

答：葡萄糖氧化酶（glucose oxidase，GOD），其系统命名为β-D-葡萄糖氧化还原酶（EC 1.1.3.4），它能高度专一地催化β-D-葡萄糖与空气中的氧反应，将葡萄糖氧化成葡萄糖酸和过氧化氢。该酶广泛分布于动物、植物及微生物体内，工业上主要利用黑曲霉和青霉属菌株进行发酵生产。作为一种新型酶制剂，由于GOD具有去葡萄糖、脱氧、杀菌等特性，而且安全无毒副作用，因此在食品的加工保鲜、医学上都有广泛的应用。

33. 蛋白酶如何分类?

答：蛋白酶的分类方法有多种。根据蛋白酶来源的不同，可将蛋白酶分为动物源性蛋白酶、植物源性蛋白酶和微生物源性蛋白酶；根据蛋白酶活性中心的不同，可将蛋白酶分为丝氨酸蛋白酶、天门冬氨酸蛋白酶、半胱氨酸蛋白酶和金属蛋白酶；根据蛋白酶作用的最适 pH，又可将蛋白酶分为酸性蛋白酶（最适 pH 为 2 左右，如胃蛋白酶）、中性蛋白酶（最适 pH 为 7 左右）和碱性蛋白酶（最适 pH 为 8 左右，如胰蛋白酶）。

34. 如何有效评价饲用蛋白酶?

答：目前，很多企业对饲用蛋白酶的评价主要采用酶活检测和酶学性质评价。然而，酶活检测及酶学性质的评价是以酪蛋白为底物进行评价的，但酪蛋白的一级结构及高级结构与饲料原料中粗蛋白质的一级结构和高级结构是不同的，所以单纯地以酶活检测和酶学性质评价不能客观评价饲用蛋白酶的效果，酶活只能是用以控制蛋白酶产品质量的品控指标。

评价饲用蛋白酶，除了酶活检测外，还应考虑：①蛋白酶是否能耐受饲料制粒过程中的高温等工艺条件；②蛋白酶是否能耐受胃酸、金属离子及动物内源酶的影响；③通过体外仿生消化试验检测蛋白酶对饲料原料或饲料具有针对性的酶解能力。此外，还可通过动物试验评估饲用蛋白酶对饲料中氨基酸的消化率和动物生长性能的影响。

35. 饲用蛋白酶的作用体现在哪些方面？

答：饲用蛋白酶的作用主要体现在：

①提高饲料中蛋白质的消化率，稳定或提升饲料品质，提高动物的生长性能。

②水解饲料中的抗营养因子，如豆粕中的大豆球蛋白、β-伴大豆球蛋白等，促进动物肠道健康。

③便于调整配方，节约成本。使用蛋白酶提高饲料中蛋白质的消化利用率，因此可以使用价格低廉的杂粕或降低蛋白质及可消化氨基酸的使用，节约成本。

④减少畜禽粪便中氮的排放，减轻畜禽舍内氨气等有毒气体对动物的伤害，而且减轻环境负担。

36. 除乳仔猪外，其他养殖动物日粮中是否需要添加蛋白酶？

答：除乳仔猪外，建议在其他养殖动物日粮中添加饲用蛋白酶。原因在于：

①饲料粗蛋白质不能完全被畜禽消化，其消化利用仍有较大空间。

②养殖动物内源蛋白酶只有胃蛋白酶、胰蛋白酶、糜蛋白酶等几种，且每种内源蛋白酶都有固定的酶切位点，有些饲料原料中的氨基酸组成及蛋白质结构与内源酶的酶切位点

不匹配，导致难以消化，如大豆抗营养因子、胰蛋白酶抑制剂、大豆球蛋白等。

③饲料在动物胃肠道的消化时间有限，正常情况下难以完全消化，如果能额外补充蛋白酶，可将蛋白质肽链进行更彻底酶切，从而提高蛋白质消化率。

37. 非淀粉多糖复合酶的复配理论和添加量依据是什么？

答：非淀粉多糖复合酶的复配理念是按抗营养因子的种类和数量来设计配方的，非淀粉多糖种类在不同的原料中存在较大差异，如小麦木聚糖和玉米木聚糖是不同的。因此，复合酶的复配理论一方面要依据抗营养因子的含量和动物的种类及阶段；另一方面还要研究每种单酶对饲料原料中非淀粉多糖的降解效率，以及对能量和蛋白利用率的影响，建立每种动物、原料和单酶数据库。

38. 复合酶制剂的使用是否会导致内源酶分泌的紊乱？

答：外源酶对内源酶和消化器官都会产生一定的影响。但在正常范围内添加并不会导致内源酶紊乱或者产生依赖性。这属于动物自身的调节作用。至于外源酶对内源酶的影响是促进还是抑制，因酶而异。学术界也存在不同的观点。但是有试验数据证明正确科学的组合酶和复合酶更能发挥酶的效果。

39. 应用酶制剂有哪些注意事项?

（1）配方

饲养的动物类型及饲料组成不一样，添加的酶制剂也应有适应性，即在酶的品种组成、活性指标上应有针对性。饲用酶制剂的配方原则是：①依据动物的年龄和消化特点而配制；②依据在不同动物上已形成的饲料配方特点而配制，如猪的饲料配方以玉米豆粕为主，鸡、鸭的饲料配方较大比例地添加了棉粕和菜粕；③为解决某一饲料原料在饲料中的大比例添加问题而配制，如小麦专用酶（以木聚糖酶为主要功能酶）等，添加后在配方中相应的原料可部分或全部替代玉米。

（2）添加量

饲用酶制剂在饲料中添加有一个经济最适量和效果最适量。经济最适量追求最大投入产出比；效果最适量是获得最大的添加效果。

（3）耐热性

为防止饲料加工过程中的热破坏，通过对酶的热保护或以液体酶制剂的形式在制粒后喷雾添加避开热过程来保护酶制剂添加后的效果。一般来说，微生物来源的酶，按耐热程度大小，依次为淀粉酶、纤维素酶、β-葡聚糖酶、植酸酶、木聚糖酶、蛋白酶。

40. 酶制剂能否与微生态制剂（益生菌）联合使用?

答：可以。酶制剂和益生菌都属于生物饲料添加剂范畴，酶制剂主要是提高饲料转化率，而益生菌是调节肠道菌群平衡，两者作用有一定的交叉。例如，β-甘露聚糖酶可降解产生甘露寡糖亦可调控肠道益生菌增殖，有利于肠道菌群平衡；益生菌，如芽孢杆菌类可产生许多酶类，有助于提高动物的饲料消化率。

41. 菌酶协同发酵是否优于单纯益生菌发酵?

答：在菌种种类、添加量和发酵工艺相同的条件下，额外添加酶制剂优于单纯益生菌发酵。酶制剂对原料预消化（酶解）产生的小分子营养物质，会提高益生菌的增殖速度。采用菌酶协同发酵尽量先用合适的酶制剂对发酵饲料原料进行预处理，然后再进行微生物发酵，会更好地发挥菌酶协同发酵的效果。

42. 菌酶协同发酵饲料中主要酶制剂和菌种的作用机制是什么?

答：鉴于生物安全因素的考虑，发酵过程中使用的菌种和酶制剂的种类仅限于农业农村部规定的《饲料添加剂品种目录》范围内的品种。酶制剂的作用在于对大分子营养物质，如淀粉、蛋白质、纤维素等进行预消化，降解为吸收效率更高的小分子营养物质，如单糖、双糖、氨基酸、小肽等。通过酶制剂的作用将原来不被肠道消化吸收的大分子营养物质变成可吸收利用的小分子营养物质，挖掘出原料利用空间。益生菌在发酵过程中，也会分泌大量的消化酶，对营养物质进行协同消化；同时，还会合成和分泌大量的功能性代谢产物，如乳酸、过氧化氢、乙酸、抗菌肽等，对肠道营养代谢起调节作用。菌酶协同相互促进，既提高饲料酶解和发酵效率，又提高发酵产品的益生功能。

43. 菌酶协同发酵加入的酶制剂是否会被微生物当作蛋白质利用？

答：发酵前加入的酶制剂，在发酵过程中一方面会对原料进行酶解，另一方面随着时间延长，也会被发酵微生物当做异源蛋白质降解利用，发酵体系中的酶谱最终会演变成微生物自身分泌的消化酶。根据菌种、原料和工艺的不同，有可能10d，也有可能几个月。

44. 菌酶协同发酵中的酶是否会被其他微生物作为蛋白质底物消化分解利用？

答：即使发酵体系中只有单独一种菌 A，其分泌的酶也有一定的衰减周期。如果存在另一种菌 B，那么菌 A 分泌的酶，会被菌 B 识别为异源蛋白质，进行分解利用，其衰减周期

25

会大幅缩短。

45. 酶的激活需要适宜的温度和 pH 环境，加入的蛋白酶在菌体繁殖前期能起到作用吗？

答：每种酶制剂并不是只有在最佳 pH 和最适温度下才会发挥作用，在动物体内或者在发酵前期，依然会发挥 30%～80% 的相对酶活。而且发酵过程中酶的选择有很多种，随着发酵过程中条件的变化，不同的酶可以陆续发挥作用。

46. 菌酶协同发酵中添加外源酶制剂会不会影响活菌的生长？

答：添加的外源酶制剂（溶菌酶除外）不会抑制微生物的生长。相反酶制剂对底物预消化过程中会产生大量可发酵碳水化合物和容易被微生物利用的小分子氨基酸和小肽，促进微生物增殖。

47. 发酵饲料的发酵底物选择有什么要求？

答：发酵饲料在选择发酵底物时，既要考虑动物日常所需营养物质的种类及含量，如能量、氨基酸、维生素、微量元素等，又要考虑微生物生长所需的碳氮比、pH、水分、可发酵碳水化合物、渗透压等，同时还要在剂型上兼顾后期混合使用相关的颗粒度、流散性等因素。而且，对发酵底物的卫生指标也要控制，如重金属、霉菌毒素、杂菌等。

48. 发酵底物的总水分含量对发酵速度以及发酵效果有什么影响？

答：在其他因素适宜的条件下，含水量会显著影响发酵饲料的发酵进程。发酵饲料的原料不同，达到稳定的 pH 所需时间也不同。选择合适含水量的底物，可以缩减发酵时间，获得良好的饲料品质。但是水分过高，会导致最终发酵产物中总酸积累过多，在饲喂时需要控制适当添加比例，否则长期饲喂会降低动物采食量。

49. 发酵底物在发酵过程中的最佳粉碎粒度和容重是多少？

答：发酵底物粉碎粒度及容重对发酵饲料的发酵效果影响显著，大多数发酵饲料底物的粉碎粒度为 0.5～3.0mm，但有的饲料原料的粉碎粒度与饲料原料本身的物理化学性质也有一定影响。在 2.0～2.5mm 粉碎粒度范围内，常见发酵饲料的容重在 450～650g/L。

50. 采购发酵底物需要注意哪些方面？是否需要评估微生物污染的情况？

答：发酵底物的采购需要注意底物起始 pH、含水量、流散性、均匀度、粉碎粒度及营养物质含量等因素。发酵底物需要符合常规饲料的饲料卫生标准，尤其对有害微生物污染要进行评估。

51. 发酵能否降低或去除黄曲霉毒素、玉米赤霉烯酮及呕吐毒素？

答：目前，常用的去除霉菌毒素的方法主要是吸附法。而微生物降解则是利用其自身产生的代谢产物或分泌的胞外、胞内酶来分解破坏真菌毒素的毒性基团，使其彻底降解为无毒的产物。研究表明，枯草芽孢杆菌可分泌抗菌脂肽 D，其具有抗黄曲霉及其毒素的活性物质。利用枯草芽孢杆菌 BS-02 固态发酵被黄曲霉污染的玉米，在温度40 ℃、发酵时间 48 h、接种量 15%、料水比 1∶0.75、pH 8.0，可降解 81.4%的黄曲霉毒素；地衣芽孢杆菌 CK1 能够降解饲料中的玉米赤霉烯酮，降解率为 61.06%。

52. 发酵过程能否降低菜粕、棉粕及其他原料中存在的抗营养因子?

答:菜粕中含有较多的抗营养因子,如硫代葡萄糖甙(硫甙,GS)、植酸、缩合单宁、异硫氰酸酯、噁唑烷硫酮等,影响了菜粕在动物日粮中的应用,尤其是硫甙作为菜粕中主要的抗营养因子,含量过高极易引起动物营养物质消化率下降、甲状腺肿大等现象。研究发现,通过复合微生物固态发酵,可降解98%左右的硫甙。

棉粕中主要的毒性物质为棉酚,棉酚占棉籽重量的0.7%~4.8%,按其存在形式可分为游离棉酚和结合棉酚。游离棉酚毒性较大,可与动物机体的酶或蛋白质相结合,破坏其活性成分,从而降低了蛋白质的消化率。利用热带假丝酵母发酵处理棉粕,可降解91.91%的游离棉酚。

大豆中存在多种抗营养因子,根据大豆抗营养因子对热敏感性的程度将其分为热稳定性抗营养因子和热不稳定性抗营养因子。热不稳定性抗营养因子如胰蛋白酶抑制因子、凝集素、致甲状腺肿因子和脲酶等会在加工的过程中有效灭活。热稳定性抗营养因子包括大豆抗原蛋白、植酸、寡糖、皂苷及单宁等。不同菌种对大豆球蛋白和 β-伴大豆球蛋白的降解率会有所不同。中国农业科学院饲料研究所抽检市售54批次发酵豆粕检测发现,发酵后大豆球蛋白平均含量降低了57.7%,β-伴大豆球蛋白的平均含量降低了63.2%。

53. 影响生物饲料发酵过程的因素有哪些?

答：影响发酵过程的主要因素有发酵底物的粒度、含水量、温度等。固态发酵底物的颗粒大小会直接影响微生物的生长、氧的供给及代谢产物的释放等，对于固态发酵过程选择合适的颗粒大小是十分必要的。水是发酵的主要媒介，发酵底物含水量是影响固态发酵的关键因素。含水量过低造成微生物生长受到抑制；含水量过高造成散热困难，所以发酵底物的含水量，应根据发酵底物的性质（粒度、持水性等）、微生物的特性（厌氧、兼性厌氧或需氧）、发酵温度和通风情况来决定。发酵温度是影响固态发酵的一个重要因素，因为微生物的生长和代谢都是在各种酶的催化下进行的，温度是保证酶活性的重要条件。

54. 如何避免发酵过程中产生杂菌?

答：由于生物饲料的生产过程不是严格无菌环境，不可避免会有杂菌的侵入。保证生物饲料微生物安全及控制发酵过程杂菌生长主要通过以下几方面：

①严禁使用不符合饲料卫生标准特别是发霉、变质的饲料原料，从源头降低杂菌的数量。

②发酵饲料生产中所用到的菌种活化设备及固液混合等设备应定时清洗消毒，防止残余物料或菌液在设备中残留滋生细菌和霉变。混合机、缓冲仓等设备在生产结束时

应及时清理并保持通风干燥。

③在呼吸膜袋式发酵饲料的包装过程中应仔细检查热封是否合格，避免褶皱或漏气导致发酵饲料中杂菌生长。

此外，在生物饲料的生产过程中，菌种的来源及配伍至关重要，搭配合理的原料配方及生产工艺，保证产品中的 pH 快速下降，可提供一个适于乳酸菌等益生菌生长而不利于其他杂菌生长的生态环境。

55. 饲料原料在发酵过程中，原料中原有的微生物群及其代谢产物会出现怎样的变迁规律？会不会变成一个巨大的毒素污染源？

答：对于符合《饲料卫生标准》（GB 13078—2017）的饲料原料，原料中原本存在的微生物数量级比较低，发酵时主动添加的有益菌的数量一般都比这个高得多。各类微生物之间存在营养竞争关系，虽然在发酵时各类微生物都有繁殖所需的营养条件，但由于营养竞争的存在，数量少的微生物的繁殖会受到抑制，并不会大量繁殖，成为污染源。

而且，发酵饲料添加的有益菌主要是芽孢杆菌类、乳酸菌类和酵母菌类，其中芽孢杆菌类和乳酸菌类通常可以产生一些抑菌物质，如伊枯草菌素、乳酸菌素、苯乳酸等，可以抑制大肠菌群、霉菌等的生长。

通过发酵工艺的控制也能达到抑制有害菌的目的，现在发酵饲料中常用呼吸袋式发酵就是一种以厌氧为主的工艺控制方式，可以抑制部分大肠菌群和霉菌等好氧微生物的生长；在厌氧条件下乳酸菌产酸降低 pH 和酵母菌产乙醇等，也会抑制有害菌的生长。

56. 外源发酵菌剂及原料中原有的微生物在繁殖过程中，微生物及其代谢产物之间会呈现一种怎样的共生或竞争关系？

答：在发酵饲料中，微生物及其代谢产物之间主要存在互生、共生、颉颃和寄生四种关系。发酵饲料表面附着的细菌主要是好氧性菌，真菌主要是酵母和霉菌，因各种原料生产加工工艺不同，所处环境不同，所以其表面附着的微生物在种类和数量上都存在很大差异。接种外源有益菌发酵会对原料附着微生物产生影响，有研究表明添加植物乳杆菌能抑制羊草本身附着的细菌如一些肠道菌的生长；而对意大利黑麦草、羊草、全株玉米及无芒虎尾草的研究表明，青贮前的意大利黑麦草表面附着有肠道菌、假单胞菌、伯克氏菌、沙雷氏菌、植物乳杆菌及糊精片球菌，接种了植物乳杆菌后对附着菌有一定的抑制作用。

57. 固态发酵过程中，外源发酵菌剂及饲料原料中原有的微生物群及其代谢毒素有什么变化？

答：在固态发酵初始阶段，外源发酵菌剂及饲料原料中原本存在的各类微生物如霉菌、大肠菌群等会有活化繁殖的趋势，与此同时部分有害代谢产物，如内毒素、黄曲霉毒素、玉米赤霉烯酮、呕吐毒素、赭曲霉毒素、T-2 等的相对含量有所增加。随着发酵的进行，到发酵中后期，由于益生菌繁殖旺盛，产生的益生菌及酶等代谢物可使有害毒素发生氧化、糖苷化、异构化、水合等进而转变为低毒或无毒代谢物。很多研究表明，混合菌发酵之后，各项霉菌毒素含量均显著降低。

58. 黄曲霉毒素、玉米赤霉烯酮和呕吐毒素三大毒素对发酵过程有什么影响？

答：霉菌毒素是一类存在于饲料及原料中的低分子次级代谢产物，对人体和动物的肝脏、肾脏、免疫系统、呼吸系统、消化系统及生殖系统等具有很强的毒性。不同的霉菌毒素作用机理有一定差异，如黄曲霉毒素 B_1 能抑制 DNA 的合成、抑制 RNA 酶的活性、信使 RNA 以及蛋白质的合成，而赤霉烯酮则是一种具有雌激素类物质活性的毒素，主要危害种用畜禽。研究表明，霉菌毒素能抑制芽孢杆菌、大肠杆菌等微生物的生长，一些微生物能以霉菌毒素为碳源从而降低其含量。整体而言，霉菌毒素对微生物的影响主要体现在动物肠道高浓度富集（大约饲料标准 50 倍以上）或长期互作时会影响肠道菌群的组成及含量。而在发酵饲料的生产及发酵过程中，由于霉菌毒素相对含量较低且益生菌的含量很高，并不会对发酵过程有明显影响。此外通过益生菌发酵，可适度降低发酵原料中霉菌毒素含量。

59. 发酵饲料恒温发酵过程中的最佳温度范围是多少？如何控制？

答：发酵饲料中含有多种益生菌，发酵过程中对温度有一定要求，良好的发酵温度不仅有利于益生菌的生长繁殖，同时也是益生菌降解抗营养因子、提高饲料原料消化率等代谢活动的必要条件。考虑到不同菌种的生长特性，其最适生长温度在 30~37℃。由于发酵过程会产生热量，为防止局部过热，一般恒温室的温度上限为 33℃。冬季造热成本较高，要求恒温室温度不低于 25℃。针对不同季节及饲料厂自身特点，可适当调节发酵温度，原则上发酵温度较低时，应延长发酵时间，确保发酵充分。

60. 饲料发酵时，发酵产热后是否温度越高越好？

答：一般情况下，好氧发酵产热量大，厌氧发酵则产热量极少。因此，要根据发酵目的来选择好氧发酵还是厌氧发酵。

①如果发酵的目的是为了喂畜禽动物，最好采用厌氧发酵的方式，自然产热量就不大。

为什么要用厌氧方式来发酵？要尽可能地保存糟渣原料中的消化能，以防能量发热损失。如果发热量大，温度高，还会造成热敏性的维生素大量损失。

②如果发酵的目的是制作肥料，采用好氧发酵，产生大

量的热量和温度，来消耗掉物料中的能量，以免将来做农作物的肥料时，造成烧根。如果有源源不断的空气进入发酵料中，则最终可以把物料完全腐熟，全部消耗掉其中的能量，成为优质的有机肥。

61. 一些地区冬季温度偏低时，如何开展饲料发酵？

答：如果是固态发酵糟渣类物料，即使在冬天，在室内，气温 5℃以上，都可以发酵成功。这是因为固态发酵启动后就可以自己产热，并蓄热在物料内部，造成升温。如果是发酵制作液体发酵饲料，水温必须达到 18℃以上，室内气温在 15℃以上。

一些地区冬季气温低，饲料发酵无法启动，造成物料没有变化，这是普遍现象。冬季饲料发酵成败在于是否快速启动发酵。快速启动发酵的方法如下：

（1）适度增加谷物糠麸饲料

在发酵饲料配方中适度增加谷物糠麸饲料比例，如发酵豆渣时，加入豆渣量 10% 以上的玉米粉和 10% 以上的米糠麦麸等，可以加快发酵速度和启动发酵。

（2）用温水拌料或用红糖浸泡菌种

利用温水拌料发酵或红糖浸泡菌种 30min 后发酵。在冬季，微生物由于气温低，很难启动发酵，或启动期就要很多天，造成发酵速度慢，用红糖进行活化，可促进发酵的启动。能量饲料加得越多，发酵效果越好。

（3）加水量适当减少

发酵物料控制含水量在 40%～50%，水蓄热量高，温度不容易上升。少加点水，温度上升得更快。夏季气温就高，为了保证发酵含水量的需要，则不必这么做。

（4）疏松发酵物料

冬季发酵物料简单疏松堆料，不要压实，但一定要密封，可以多用点粗一些的辅助原料，如粗糠、碎秸秆等，目的是增加固态物料里面的空气间隙，因为好氧发酵是产热最多的发酵方式，可以造成固态物料内部短暂的好氧发酵，能迅速提高物料的温度，从而启动发酵，一旦启动，则后续自身会不断产热来维持温度。

（5）加大发酵量

一次发酵一小桶的成功率远远不如一次发酵 500kg 以上的物料量的成功率，发酵量越大，保温性能越好，越容易升温，越容易发酵成功。

62. 如何判断发酵是否完成及是否成功?

答：按发酵混合饲料产品类型来评估，成品发酵饲料发酵完成以后饲料外观正常无霉变结块现象，饲料质地柔软、色泽均一，并且饲料呈醇香或果香味并具有弱酸味、气味柔和、不带有腐败恶臭味等。几个关键发酵指标为 pH 下降至4.0～5.5 之间、有效活菌数 10^6～10^8 CFU/g、总酸1.0%～5.0%。需要注意的是发酵饲料中微生物一直处于代谢状态，随着仓储条件的变化和时间的延长，各项指标会有不同程度的改变。

63. 青绿饲料的发酵有什么特殊注意事项？

答：青绿饲料鲜嫩多汁，适口性好，易消化，富含蛋白质、维生素和矿物质，还含有各种酶、激素和有机酸，易于动物消化，是饲用价值相对较高的饲料原料。青绿饲料经过发酵，不仅可延长保存期，减少营养成分损失，还可使原料变软且带有酸香味，能增强动物的食欲、提高其采食量。制作和使用发酵青绿饲料时应注意：①发酵原料要干净，无泥土和其他杂质，不要混有烂草、烂菜，以免引起中毒；②根据原料特性选择合适的发酵菌剂或酶制剂；③发酵时注意压实密封，以保持厌氧环境；④控制温度，防止温度升高造成养分的分解和维生素的破坏；⑤控制发酵时间，防止过酸；⑥单一原料营养不全，应与其他饲料原料混合发酵或搭配饲喂，使营养均衡。

64. 制作发酵饲料需要哪些条件？

答：制作发酵饲料首先要明确发酵目的，是提高原料的营养价值还是去除原料中的抗营养因子。最基本的条件是根据目标选择合适的菌种、发酵工艺、质量控制和使用方法。场地卫生条件、设备清理、原料质量控制等防止杂菌污染的措施也必须有。

65. 什么是 TMF?

答：TMF 是 total mixed fermented ration（全价混合发酵饲料）的简称，是根据反刍动物的营养需要，利用当地饲料资源，在特殊工艺条件下，经过配料、混合、灭菌和微生物接种，通过发酵工程技术生产、含有微生物及其代谢产物的营养均衡的全混合日粮（total mixed rations，TMR）。

66. TMF 技术的核心点是什么?

答：全价混合发酵饲料（total mixed fermented ration，TMF）技术的核心是通过生物灭菌和发酵的过程，以动物营养学的理论为基础，调制出适合各育龄和品种牛、羊生理要求，并能把牛、羊的生产潜力发挥到极限的饲料营养组合。通过微生物技术和自动化生产技术的结合，经过灭菌和微生物发酵的过程，将牛、羊等反刍动物的瘤胃生理功能的一部分在体外以机械方式得以实现，在最适的发酵环境下，将纤维素等难降解的有机物质分解为易消化的小分子有机物质，增加饲料蛋白质含量，提高牛、羊等反刍动物的抵抗力和免疫力，提高饲料的适口性和消化率，降低咀嚼和反刍过程中的能量消耗，减少二氧化碳和甲烷的排放，提高饲料干物质营养成分的瘤胃通过率，把营养摄取效率极大化，从而提高牛、羊等反刍动物的生产性能。

67. 如何生产出质优价廉的 TMF?

答：TMF 技术的最大特点是使用仿生瘤胃机能的发酵机，在饲喂之前将饲料制成在瘤胃更快分解发酵的状态。为达到这一目的，需要经过碾碎、灭菌、微生物接种、发酵的过程，且每个过程在符合每道工序工艺特性的条件环境下才能正常进行。因此，为了生产优质的 TMF 饲料，必须要有与瘤胃内部环境一样的发酵设备和栖息在瘤胃内的同样种类的微生物，以及适合各牲畜品种、饲育阶段条件的发酵配料比；并根据各种微生物的栖息条件准确调整温度、水分及氧气的饱和度，包装方法也应采用适合有益微生物生长的方式。

68. TMF 的制备形式有哪些?

答：目前，TMF 的制备形式很多，发酵袋（真空压缩四角包）包装技术、拉伸膜裹包技术、塔式、桶式和窖式等类似于青贮的制作方式。最常见的 TMF 技术是发酵袋包装技术，发酵袋包装技术就是将预先制作好的混合饲料装入塑料袋内密封后进行发酵。

69. TMF 的特点和优势是什么?

答：TMF 不仅持有现行 TMR 全混合饲料的一切性能和优

势，而且提高了干物质的瘤胃通过速率，减轻了奶牛的消化负担和能量消耗，把营养摄取效率极大化从而将奶牛的生产性能提高到极高水平。和现行的 TMR 相比，TMF 有以下特点和优势：①具有更高的安全性；②具有更好的适口性；③含有益菌及其代谢产物，具有更高的抗病性能；④具有更高的生产性能和经济效益；⑤使用廉价饲料原料替代高价的饲料原料，具有原料多样性能和更低的生产成本；⑥具有更长的保存期和更广的普及性；⑦具有更高的社会效益和环境效益。

70. 如何对 TMF 品质进行评价？

答：一般通过检测 TMF 饲料的干物质、粗蛋白、粗脂肪、中性洗涤纤维、酸性洗涤纤维和粗灰分等常规营养成分，以及 pH、乳酸、乙酸、丁酸和 $NH_3\text{-}N$ 等发酵指标，应用 V-Score 体系评价 TMF 饲料品质。

71. 目前 TMF 技术推广中存在哪些问题？

答：TMF 饲料在日本、韩国、澳大利亚等国奶牛场已形成成熟的喂养体系，在中国尚处于起步阶段。目前，在推广中存在的最大问题是发酵菌种来源和使用不规范，将 TMF 与微贮混为一谈。一般市场的所谓 TMF 饲料只是以 TMF 饲料的名义，采用用于一般青贮或黄贮饲料生产的乳酸菌发酵法生产并声称为 TMF 饲料。但这种饲料不是真正的 TMF

饲料，而只能称之为微贮 TMR，也无法完全达到真正 TMF
饲料的预期效果。

72. 饲料预消化技术中常用的加工工艺有哪些?

答：目前提到饲料预消化的加工工艺基本是采用熟化、发
酵、酶解的单一或组合工艺进行生产，其中以发酵形式生产
的发酵类产品居多，如发酵豆粕。不同厂家的生产工艺和使
用的菌种或酶类也有所差别，从而导致产品品质之间的差异
较大。选择这一类产品时，需要考察企业的生产工艺、质量
管理措施和相关的质量指标，这样才能保障产品使用效果的
稳定性。

73. 饲料预消化领域有标准吗?

答：2018 年年初，生物饲料开发国家工程研究中心召集行
业内相关专家发布了生物饲料领域的团体标准——《生物饲
料产品分类》和《发酵饲料技术通则》。预消化饲料属于生
物饲料的范畴，现正在筹备制定相关产品的团体标准，将从
原料来源、生产工艺、质量评定指标等方面进行详细描述。

74. 酶解预消化饲料与发酵预消化饲料有什么区别?

答：酶解预消化和发酵预消化是目前应用较多的两种预消化
处理工艺，两者之间的区别如下：

（1）作用原理不同

酶解主要是以消化酶对饲料原料进行分解为主要作用方式进行预消化处理；而发酵主要是利用微生物对原料发酵并利用微生物产生的酶对原料再进行酶解。

（2）作用温度不同

酶解的作用温度一般为 50～60℃；发酵的温度一般为 30～40℃。

（3）作用时间不同

酶解的作用时间一般为 6～8h；发酵因为要考虑微生物的繁殖作用，所以时间比较长，一般要达到 24～72h。

（4）预消化处理的水分不同

酶解一般水分要达到 55％以上，甚至达到液态；发酵一般水分为 30％～40％。

（5）产物有所不同

酶解因为酶的高效性和专一性，酶解产物的含量会较高；发酵除了含有微生物以外，还含有一部分微生物代谢产物和原料的降解产物，但降解产物的含量一般会比较低。

75. 预消化技术的应用前景如何？

答：预消化技术作为新兴的饲料加工技术有着广阔的发展前景，其应用可以提高饲料利用率，节省大量的饲料用粮，进而缓解人畜争粮和进口依赖的压力，减轻动物的消化负担，提高动物机体自身的抵抗力，从而减少养殖过程中抗生素的使用量，减少粪便的排出数量，减轻养殖场排污治污的环保压力，具有巨大的社会效益。预消化技术将在动物营养理论和净能体系完善方面以及饲料加工技术的升级换代、促进健康养殖、为人类提供绿色安全的畜产品方面发挥重要的作用。

76. 鱼粉进行酶解有什么意义？

答：鱼粉里的蛋白质主要以大分子蛋白的形式存在，消化大分子蛋白的过程要消耗机体大量的能量。鱼粉经过酶解后，将大分子蛋白转变成容易消化吸收并且具有功能性的小肽，直接被动物吸收，不仅耗能少，吸收率几乎可达 100%，还有助于预防氨基酸引起的高渗透性腹泻。酶解鱼粉对于幼龄或其他处于哺乳期、病后恢复期等特殊阶段的动物很有意义。

77. 微生物饲料添加剂的安全性评价方法有哪些？

答：我国关于饲料添加剂的安全性评价还没有系统、具体的相关程序的制定，主要参考食品安全性评价方法。卫生部颁布了《食品安全性毒理学评价程序》（GB 15193.1—2014），为我国食品安全评价提供了统一的评价程序和试验方法及标准。食品安全性毒理学评价程序包括 4 个阶段，即急性试验，蓄积毒性、致突变和代谢试验，亚急性毒性（包括繁殖、致畸）试验，以及慢性毒性（包括致癌）试验。

78. 饲用益生菌产品评价的指标有哪些?

答:借鉴《食品益生菌评价指南》,耐酸性、耐胆盐性、抗菌性、黏附性可以作为饲用益生菌的评价指标,同时考虑实际生产制粒过程中对益生菌的影响,应将耐热性作为饲用益生菌产品评价的指标之一。

到目前为止,世界各国尚无饲用益生菌评价的相关体系与标准,使用益生特性的体外试验评价产品质量具有简单、耗时少等优点,但研究才刚刚起步,还有许多问题有待解决。因此,加强对益生菌产品质量评价标准的研究,建立相应的评价技术,制定科学的评价标准,对规范饲用益生菌产品的市场和控制产品质量具有重要的意义。

79. 除菌种自身特性外,影响微生物饲料添加剂稳定性的因素还有哪些?

答:除菌种自身特性外,生产工艺条件对微生态制剂发挥其功效具有很大影响。如菌株在发酵时的生长条件及发酵结束的时间,会影响菌体在干燥和贮藏时的存活率。同一益生菌菌株采用不同的发酵条件生产,其终端代谢产物不同,微生态制剂的作用效果也会有很大不同。

生产技术对微生态制剂的功效也有较大影响,目前常用的发酵技术,主要包括液体深层发酵和固体发酵。利用液体深层发酵技术生产的产品,由于生产过程能够严格控制,一般来说效果比较稳定。用固体发酵的产品，由于灭菌不能彻底，经常有杂菌污染，从而影响了产品的功效，表现为功效不稳定或不明显，甚至无效。

制粒或压片过程的温度和压力对益生菌的存活率都有很大影响。

贮存条件是影响益生菌存活率和货架期的关键因素。活菌制剂在贮存过程中最好保持在低温、低湿度、密封、隔氧的条件下，才能使活菌制剂保持较高的存活率和较长的货架期。

80. 丁酸梭菌有效活菌数如何检测?

答：丁酸梭菌为严格的厌氧菌，对氧气高度敏感。丁酸梭菌商品菌粉，一般是载体与菌体混合物或者经过进一步包被保护的颗粒物，其存活菌体一般以芽孢状态存在。由于不同生产厂家对丁酸梭菌的发酵工艺、包被工艺或载体选择不同，因此会造成芽孢的萌发率有所差异，一般商品菌粉的芽孢萌发率为 $60\% \sim 100\%$。对丁酸梭菌产品的活菌计数需要一个严格的厌氧环境（厌氧盒加上厌氧袋或者厌氧操作箱或者厌氧管），丁酸梭菌在适合其生长的专用培养基上萌发，于 $37℃ \pm 1℃$ 培养 24h 形成菌落，可准确计数存活芽孢个数。

81. 地顶孢霉培养物是什么?

答：地顶孢霉培养物是我国批准的首个虫草真菌类饲料添加剂。地顶孢霉培养物富含蛋白质、氨基酸、维生素和矿物质等营养成分，特有虫草多肽、虫草多糖、虫草酸、虫草素、甾醇等多种生物活性物质，可提高动物免疫力及抗应激性，显著降低断奶仔猪腹泻率，可调节激素水平等。此外，地顶孢霉培养物具有镇静安神的功效，可提高日增重，改善肉品质。

82. 凝结芽孢杆菌与其他芽孢杆菌有什么区别?

答：①凝结芽孢杆菌是唯一产乳酸的芽孢杆菌，其他芽孢杆菌不产乳酸。凝结芽孢杆菌产生的 L-乳酸能降低肠道 pH，抑制有害菌，并能促进双歧杆菌等有益菌的生长和繁殖，与其他不产乳酸的芽孢杆菌相比，有利于恢复胃肠道的微生态平衡。

②凝结芽孢杆菌是兼性厌氧菌，在有氧及无氧的环境下都可生长，能适应低氧的肠道环境，对酸和胆汁有较高的耐受性。

83. 什么是酿酒酵母培养物? 其有效活性成分有哪些?

答：《饲料原料目录》中定义：酿酒酵母培养物是以酿酒酵

母为菌种，经固体发酵后，浓缩、干燥获得的产品。主要活性成分包括：酿酒酵母菌在发酵过程中所产生的细胞外代谢产物、发酵后变性的固体底物、酿酒酵母菌破壁后的细胞内容物以及酵母菌细胞壁等。具体为多种小肽、有机酸、核苷酸、甘露寡糖、β-葡聚糖、消化酶、B族维生素、矿物质及"未知促生长因子"等，这些物质作为动物胃肠道内益生菌的营养底物，可以有效刺激益生菌的生长，调节肠道菌群，有效提高动物对饲料的利用率，进而提高动物的生产性能。酿酒酵母培养物是一种集营养与保健等多重功效为一体的功能性微生物饲料原料。

84. 酿酒酵母培养物在推广中存在哪些问题？

答：①与发酵原料相混淆，发酵原料的目的是降低抗营养因子，提高原料利用率，属于原料预消化处理范畴；而酿酒酵母培养物是以培养丰富的代谢产物为目的，除为动物提供优质蛋白外，主要用于调整动物肠道菌群、提高动物免疫力、改善动物产品品质等。

②与酵母类其他产品难以区分。

③部分作用机制尚不明确。

85. 酿酒酵母培养物在不同畜种、不同阶段的添加范围分别是多少？

答：在《饲料原料目录》中，酿酒酵母培养物已经从饲料添加剂调整为单一饲料原料，意味着酿酒酵母培养物使用添加量已提高到 1％以上。各生产厂家的酿酒酵母培养物因菌种、培养基、工艺均存在差异，其代谢产物的数量和含量也不尽相同，建议按生产厂家推荐量使用。

86. 酿酒酵母培养物有什么标准?

答：酿酒酵母培养物目前没有国家标准、行业标准，仅有团体标准和各企业标准。在《饲料原料目录》中也仅有定义和强制标识指标。团体标准《饲料原料　酿酒酵母培养物》（T/CSWSL 003—2018）于 2018 年 9 月 7 日发布。团体标准从酿酒酵母培养物的质量要求、试验方法、检验规则、包装、标签、运输、贮存和保质期等方面进行了规范，尤其在质量要求方面，将水分、甘露聚糖、粗蛋白、酸溶蛋白/粗蛋白、粗纤维、粗灰分及总砷、铅、黄曲霉毒素 B_1、大肠菌群、沙门氏菌、霉菌总数等卫生指标进行了规定。此标准的发布实施有利于企业进行规范生产和质量控制，有效解决了各生产企业标准指标不统一，以及用户难以选择判断、质量难以控制等难题。

生物饲料生产工艺

87. 目前市场上常见的发酵饲料生产工艺有哪些?

答:目前发酵饲料大部分是以固体发酵为主,发酵工艺根据耗氧需求不同主要分为两种:①以好氧发酵为主的工艺,常见的好氧发酵方式有堆式发酵、槽式发酵、带式发酵、吨袋发酵等;②以厌氧发酵为主的工艺,常见的厌氧发酵方式有呼吸袋发酵、桶式发酵等。

88. 目前国内固体发酵饲料的主要发酵设施有哪些?

答:固态发酵是发酵饲料生产环节中最重要的工序,其设备运行的可靠性、可操作性直接决定发酵饲料的品质和产能。

(1)发酵槽

槽式发酵是将物料置于水泥砌面的地坑中进行固态发酵,槽式两端均为开放式,可以借助铲车实现进/出料,保证先进先出原则。这种发酵方式投资较小,但需要定期对槽中残留物料进行清理防止污染,同时对发酵场地面积和温度控制有一定要求。

（2）吨袋/呼吸袋/发酵桶设备

这类发酵方式基本实现了单元化发酵，每一袋/桶就是一个发酵系统，利于发酵过程控制。需要提前准备吨袋、呼吸袋或发酵桶，每批次发酵结束后需要对发酵袋或发酵桶进行清洗消毒，可以重复利用（呼吸袋一次性）。另外还需要准备一台叉车，实现进/出料。

（3）箱式发酵设备

箱式发酵与袋式和桶式发酵原理类似，但自动化程度较高，投资成本也较高。箱式发酵设备是将物料置于若干规格相同的特制容器中，容器容积一般为 $1\sim2m^3$。容器分成若干发酵队列，加上两条分配道和一条返回队列由拖拽机构实现运动。可由电气控制实现物料的分配、翻料和输送，每个容器安装监测设备，由厂房内部设备实现环境调控。

（4）走带式发酵设备

走带式发酵设备是将物料放置于透气的尼龙材质带，由链轮机构拖动尼龙带缓慢运动，将物料直接由混合接种平铺至尼龙袋上，物料在输送时完成发酵过程，为节约发酵室占地面积，该发酵设备由上至下分成为若干层，设备内部通常有加温、排风、监测等辅助部件。该设备可实现连续化生产作业，但需要指出的是该设备大部分材质均为不锈钢，投资较大。

89. 目前常见的发酵饲料烘干设备有哪些?

答:目前市场上一部分发酵饲料产品需要进行烘干处理,烘干有利于产品的储存及运输。常见的发酵饲料烘干设备有以下几种。

(1) 流化床设备

流化床干燥是将散状物料置于孔板上,空气加热后送入流化床底部经分布板与物料接触,物料颗粒在气流中呈悬浮状态,犹如液体沸腾一样,因此这种干燥方式又称沸腾干燥。流化床目前在市场上较为常见,流化床的优势在于烘干过程温度适中,不会对发酵饲料品质造成很大影响,且感官较好,但该设备风量较大,能耗较高,一般将发酵饲料含水率从40%降低至15%以内,成本约每吨300元(按照天然气折算),同时流化床还需要加装环保设备对尾气进行处理,环保压力较大。

(2) 管束烘干设备

管束烘干设备具有干燥强度高、功率消耗低、结构简单、易于维护等优点,在饲料行业中应用非常普遍。其主体为略微倾斜转动的滚筒,物料在抄板的带动下在滚筒中翻动,利用自由落体运动使物料在滚筒中向前翻动并与热空气接触,热空气蒸发并带走物料中的水分,最后物料由出料端排出,饱和湿空气由引风机排出。但烘干过程温度偏高,对发酵饲料品质造成一定影响,且感官较差。

（3）气流干燥设备

气流干燥又称为"闪蒸"设备，主要适合于水分含量低于40%轻质粉状物料的烘干，不适合发酵饲料烘干。

90. 是否可以生产颗粒型发酵饲料？生产设备及工艺有什么要求？

答：如果生产高水分的发酵颗粒饲料，有两种方法。一种方法是，先生产粉状发酵饲料，然后通过低温制粒的工艺，获得颗粒发酵饲料。另外一种方法是，先按常规颗粒饲料生产工艺生产低水分的颗粒饲料，然后通过后喷涂工艺，将活化好的单一或复合益生菌菌液按计算好的比例喷洒到颗粒饲料表面，然后再控制温湿度条件进行发酵，获得颗粒发酵饲料。

91. 全价颗粒料中如何添加生物发酵饲料？

答：生物发酵饲料完全可以按营养指标和微生态制剂的种类含量，根据畜禽种类和生长阶段，直接设计进全价饲料的配方体系，通过料仓或混合机料口按一定比例添加，按常规生产方式制粒。

92. 发酵饲料在常规制粒或膨化过程中，益生菌活菌会损失多少？

答：发酵饲料含有大量的益生菌和功能性代谢产物。在常规制粒或膨化过程中，乳酸菌及酵母类益生菌损失比例达到90％以上，芽孢杆菌损失相对较少。有机酸、小肽等功能性代谢产物能有效保留，微生物产的酶和维生素等有一定的损失。

93. 生物发酵饲料的生产过程包括哪些环节？各个环节的关键控制点和注意事项是什么？

答：发酵饲料生产过程主要包括菌种活化、固液混合、包装及后发酵等步骤。在活化过程中应注意活化条件的恒定，保证菌种的扩培，发酵过程注意污染问题。在固液混合中应注意混合的均匀度和温度，因此应选择适合的混合机及混合时间。在呼吸膜袋式发酵饲料的包装过程中应仔细检查热封是否完全，避免褶皱或漏气导致发酵饲料污染。在后发酵过程中最好选择恒温室进行发酵，并确保充分的发酵时间及发酵温度。

94. 不同畜种、不同生长阶段养殖动物的发酵饲料生产有什么区别？

答：不同畜种及不同生长阶段养殖动物发酵饲料的生产过程基本相同，区别在于针对不同畜种及生长阶段，首先应根据其肠道的生态生理需求，匹配相应的菌的组方进行活化，并依据动物和微生物营养需求，搭配优质的原料进行接种发酵。此外应注意不同畜种间的发酵菌种及发酵饲料不可混用。

95. 发酵饲料生产过程中是否有必要对发酵底物及相关设备进行消毒与灭菌?

答：好氧发酵需要对发酵底物进行灭菌，如枯草芽孢杆菌发酵豆粕。厌氧发酵饲料，如乳酸或酵母发酵，生产过程中无需对发酵底物及设备进行消毒灭菌，其原因主要在于底物中污染菌种一般为好氧菌，且以其所含有的微生物与发酵过程添加菌种数量相差悬殊，因此只需符合饲料原料标准即可。此外，对于一些明显变质或不符合饲料原料标准的发酵原料应禁止使用，如黄曲霉毒素超标的原料。而对于发酵饲料的生产设备应定期清理，以防止残料变质影响发酵饲料产品品质。

96. 水质对发酵饲料的生产有何影响?

答：水质对发酵饲料的影响因素主要包括 pH、矿物质含量及卫生指标等。其中 pH 及矿物质含量主要通过影响发酵菌种的生长繁殖从而进一步影响发酵周期及产品品质，可通过延长发酵时间等措施来降低此类影响。而大肠菌群、沙门氏菌超标等卫生指标异常的水源会直接导致整批发酵饲料的污染，因此应严格禁止该类水源的使用，应对此类水源进行过滤等前处理且检测合格后再行使用。

97. 如何有效缩短发酵时间和延长菌种衰亡时间？

答：发酵饲料发酵时间一般为 3～7d，根据季节及温度不同，可适当调整发酵时间。缩短发酵时间主要有两种方式，即提高发酵菌种接种量和调整发酵温度。

延长菌种衰亡主要通过调整水分含量、速效养分与迟效养分的配比，以及其他营养物质的含量等方式来实现，使菌种处于一个适宜生长及保藏的理化条件。此外，应避免将发酵饲料置于高温、暴晒、反复冻融等极端环境。

98. 呼吸膜袋式发酵如何确保发酵产品的质量稳定？

答：呼吸膜袋在环境温度恒定的发酵房内，通过隔绝空气，保证袋内的厌氧环境，促进益生菌的增殖。此外，呼吸膜袋可将发酵饲料与外界微生物隔离，而益生菌产生的代谢产物（如有机酸）可进一步抑制原料中存在的霉菌等有害微生物的滋生。因此，呼吸膜袋式发酵是目前相对比较容易控制和推广的发酵工艺。

99. 呼吸膜袋发酵饲料在保存的不同时期使用，效果有差异吗？

答：呼吸膜袋的使用为发酵过程提供了相对密封的环境，对发酵有一定的影响，但不一定使发酵持续进行，环境温度对发酵过程的影响更加明显，特别是寒凉季节，出了发酵库后温度降低发酵明显减缓。夏季温度较高时发酵会延长，但微生物可利用的速效养分消耗完后，微生物生长趋于稳态，可保证产品的稳定性，即使有少量存在的持续发酵也会提升一些产品效果。只要设计的菌群数量是合适的，既达到一定阈值，在发挥菌群作用的同时，防止过量即可。保质期内无明显差异，随着保存时间的延长，部分菌种存在失活可能，但应该保持在企业标准以上。

100. 发酵生产过程中码垛层高一般几层？是否需要倒垛？

答：使用呼吸膜袋生产的发酵饲料一般每个托盘码 4～6 层，最多可叠加 2 层托盘。由于在发酵代谢过程中会产生大量的气体，过高的码垛层易导致呼吸膜袋的滑落及破损，针对滑落的现象可在第 2 层发酵料上放置一空托盘。在发酵过程中无需倒垛，而由发酵室移至成品库时可倒垛，检查是否有呼吸膜袋破损及发酵饲料结块等异常情况。

101. 发酵饲料成品的包装有什么要求？存放环境及方式有什么要求？

答：以呼吸膜袋生产的发酵产品为例，其包装主要包括两层：呼吸膜内袋和起支撑作用的外袋。呼吸膜内袋要求无毒、其上应含有呼吸阀（单向排气阀），以便于隔绝环境中的微生物及氧气；外袋要求能耐受一定压力，避免发酵涨袋引发破裂即可。包装袋缝合应严密牢固，确保产品无外漏现象，码垛时单向排气阀朝上摆放，利于发酵排出气体。成品贮存时应阴凉、干燥、通风、隔热、避光，避免淋雨，注意防潮、防鼠，切忌与有毒有害物品混放。

102. 发酵过程中需要即时检查和检测的现场指标有哪些?

答:发酵饲料呼吸袋包装是否破损、饲料热合封口是否完好、饲料原料是否霉变和受污染、发酵结束后的气味是否异常及呼吸袋是否胀袋等需要在发酵过程中即时检查;发酵过程中随时监控发酵室温度;同时关注发酵室的洁净程度。

103. 如何对发酵饲料进行感官质量评价?

答:发酵饲料在发酵初期,感官以发酵饲料原料味道为主,无发酵饲料特有的醇香味及酸香味。当经过 3~7d 的发酵后呼吸袋外观呈膨胀状态,饲料醇香味及酸香味随着发酵时间的延长而增加。7d 以后发酵饲料感官无显著差异。

104. 发酵饲料成品取样化验检测的指标有哪些？

答：发酵饲料成品取样化验检验的指标一般包括微生物指标、营养指标和卫生指标。其中，微生物指标包括发酵剂所含菌种数量，一般为乳酸菌、酵母菌和芽孢杆菌等数量；营养指标包括钙、总磷、粗灰分、水分、粗蛋白、酸溶蛋白、粗脂肪、总酸、乳酸、乙醇、粗纤维、中性洗涤纤维及酸性洗涤纤维等；同时，检测沙门氏菌、霉菌总数、大肠菌群、霉菌毒素等卫生指标。

105. 如何评估生物饲料产品的优劣？

答：对不同生物饲料进行评估时，一定要与其目的和用途相对应。例如，发酵豆粕如用于小猪教槽料，则抗营养因子含量和寡糖含量需要严格控制；如果用于中大猪，为了提高其采食量，仅需评价其关于提高适口性方面的指标即可。由于方法本身就具有其适用范围和局限性，因此，一项指标很难完全反映其真实情况，建议同时测定 pH，并关注蛋白质、多肽、氨基酸及总酸含量。

106. 针对不同畜种、不同生长阶段养殖动物的发酵饲料检测指标是否有区别？

答：针对适用于不同畜种、不同生长阶段养殖动物的发酵饲料的检测指标基本相同，只是各个厂家对每个检测指标关注的侧重点不同。例如，反刍动物用发酵饲料主要关注酵母菌的数量，但其他指标，如钙、磷、纤维等也需要关注。

107. 生物饲料质量检测需要配备哪些主要设备？对检测实验室有什么要求？

答：生物饲料质量检测指标主要包括微生物检测指标和理化检测指标。

（1）微生物检测指标

微生物检测所需的主要仪器设备包括：样品贮藏冰箱、洁净工作台、高压蒸汽灭菌器、电子天平、水浴锅、培养箱、拍打式均质器和显微镜等。微生物检测实验室的要求是：人流物流分开，实验室洁净且无粉尘及过多杂物，具有环境洁净度相关控制措施，如酒精擦拭、喷洒、紫外灯照射等措施；霉菌检测与其他微生物检测应分开，需要专门的培养室和观察室。

（2）理化检测指标

理化检测所需的主要仪器设备包括：分析天平、电热鼓风干燥箱、电热恒温水浴锅、箱式电阻炉、紫外分光光度计、消化炉、定氮仪、纤维素分析仪和原子吸收分光光度计等。理化检测的实验室要求是：实验室须洁净无尘，且实验室外无过多噪声及易引起设备震动的因素。

无论是微生物检测实验室还是理化检测实验室，均应对检测结果有影响的环境做好相关的隔离措施，并具有良好的通风系统和必要的灭火设施等，以保证实验室安全。

108. 同一个发酵饲料待检测样品是否可以进行重复检测?

答：实验室需要备有一台样品贮存冰箱用以存放发酵饲料待检测样品。检测样品抽取全程应使用无菌工具和无菌样品袋，密封好后快速送达实验室进行检测。为保证检测结果，微生物检测指标不重复检测。如确实需要进行重复检测，则应保证两次检测时间间隔小于7d，且重复检测的样品始终在无菌袋中密封冷藏保存。再次取样检测时，需要保证无菌操作，将样品充分混匀后进行检测，以减少环境中的微生物对检测结果的影响。

109. 发酵饲料成品中的总酸包括哪些成分?

答：发酵饲料中的总酸是指发酵饲料溶于水的稀释液最终能释放出的氢离子数量，即溶液中的所有H^+浓度。发酵饲料成品中的总酸通常包括乳酸、乙酸、丙酸、丁酸等。

110. 发酵饲料中酸溶蛋白和总酸的检测原理分别是什么?

答：(1) 酸溶蛋白检测原理

高分子蛋白质在酸性条件下易被沉淀，相对分子质量

61

较小的蛋白质水解物（酸溶蛋白质）可溶于酸性溶液（其中包含肽及游离氨基酸），即为酸溶蛋白。

（2）总酸检测原理

根据酸碱中和原理，用碱液滴定试液中的酸，以酚酞为指示剂确定滴定终点，按碱液的消耗量计算样品中的总酸含量。

111. 评估发酵豆粕中蛋白降解的方法有哪些?

答：①采用 SDS-PAGE 电泳定性检测抗原蛋白，该方法简单、直观、灵敏。

②针对有抗原特性的蛋白，采用特定抗原的 ELISA 试剂盒方法进行定性或定量检测。

③通过检测酸溶蛋白含量的变化进行评估。

112. 评定生物饲料中生物菌体及发酵代谢产物的方法有哪些?

答：（1）评定乳酸菌发酵产物的方法

主要包括 pH、总酸和各种酸含量的检测。其中，总酸含量采用滴定法进行检测；乳酸、乙酸、柠檬酸、富马酸等采用液相色谱法进行检测。

（2）评定酵母菌发酵代谢产物的方法

主要包括甘露聚糖和总核苷酸含量的检测，采用液相色谱法进行。其中，对于甘露聚糖的检测，需排除原料中带入的甘露聚糖的影响。

（3）评定芽孢杆菌发酵代谢产物的方法

通过比浊法或抑菌圈法等评估芽孢杆菌发酵产生的抗菌肽类代谢产物。

（4）评定曲霉类代谢产物的方法

由于曲霉类主要产生蛋白酶和非淀粉多糖酶来降解蛋白和非淀粉多糖（如纤维素），但加工时经过干燥过程后，酶会失活，因此可通过检测蛋白降解情况或纤维素含量的变化来评估曲霉类代谢产物。

（5）评定有益微生物菌体的方法

针对好氧或兼性厌氧型的指标，采用涂布法进行检测；针对厌氧型的指标，采用倾注法或双层平板法计数进行检测。

113. 如何定义发酵饲料品质的概念？

答：发酵饲料产品满足用户要求或潜在要求的特征总和。例如，发酵饲料的用户通常为饲料厂和养殖场，饲料厂要求发酵饲料产品流散性好、易于混合、耐加工；养殖场要求发酵饲料产品能提高动物的采食量、降低造肉成本、能提升动物健康水平，这些要求经过量化后的总和即发酵饲料的品质要求。因为发酵饲料产品种类很多，产品定位差别很大，没有统一的质量要求。所以企业即可根据自身情况制定具体的品质要求，也可参考团体标准《发酵饲料技术通则》（T/CSWSL 002—2018）、《生物饲料产品分类》

（T/CSWSL 001—2018）及后续发布的行业标准、团体标准等。

114. 发酵饲料品质的内涵是什么?

答：发酵饲料品质的内涵即为发酵饲料用户要求的量化，主要包括三个维度：感官指标（气味、色泽、流散性）、营养品质（常规养分、有效活菌数等）和卫生指标（霉菌毒素、病原微生物及重金属等）。具体指标要求可参考团体标准《发酵饲料技术通则》（T/CSWSL 002—2018）。

115. 如何控制发酵饲料品质?

答：控制发酵饲料品质主要有三个关键因素，即饲料原料种类、发酵菌种组成和发酵工艺参数。饲料原料种类即发酵底物种类（以蛋白质为主、以淀粉为主或以纤维为主）、发酵菌种（根据底物选择菌种类型）、发酵工艺参数（温度、时间、pH、水分、接种量、发酵类型等）。这三个关键环节协同作用，能调控发酵饲料成品的感官指标，改变营养组成，控制卫生指标和满足用户对产品的要求。不同类型底物的发酵饲料，所侧重的发酵饲料品质指标各有不同。

116. 如何控制纤维类发酵饲料的品质？

答：以优化纤维结构、增加可溶性纤维及提高活性多糖含量为目的发酵饲料，发酵菌种可选择高产纤维素酶、高糖化且产酸的菌种。该类发酵饲料产品，除关注常规养分营养指标外，还应重点关注中性洗涤纤维（NDF）、酸性洗涤纤维（ADF）、总酸含量及还原糖在发酵前后的变化。

117. 如何控制蛋白类发酵饲料的品质？

答：以优化蛋白结构、氨基酸组成与含量、提高蛋白含量为目的发酵饲料，发酵菌种可选择高产蛋白酶及高蛋白含量的菌种。该发酵饲料产品，除关注常规养分外，还应重点关注酸溶蛋白、酸溶蛋白/粗蛋白、游离氨基酸组成及其含量在发酵前后的变化。

118. 如何建立发酵饲料的评估体系？

答：发酵饲料将成为生态畜牧业的重要组成部分，但发酵饲料距离标准化、工业化生产仍需要做大量的研究工作，发酵饲料的评估体系是实现发酵饲料工业化的必要前提。

发酵饲料的常用评估体系有：原料分析评估体系，如发酵底物的 C/N 分析评估、各养分及卫生指标分析评估和所用发酵菌剂的安全性和有效性评估；发酵饲料产品分析评估体系，如总活菌数、各养分、卫生指标及特殊功能成分的分析；发酵饲料体外消化率或功能评估体系，如体外仿生系统评估；发酵饲料体内评估体系，如动物试验和生产性能评估；发酵工艺控制评估体系。

119. 发酵饲料产品发酵过程中，颜色和气味会发生怎样的变化？是什么原因造成的？

答：发酵饲料产品在发酵过程中，颜色会略微加深或不变，气味会有明显改变。颜色略微变化主要是因水分造成的。而气味变化的影响因素较多，主要是菌种，特别是不同发酵菌剂中菌种配比不同时会导致发酵饲料产品气味不同；其次是原料配方；最后是发酵工艺不同也会导致气味不同。

120. 影响发酵饲料品质的外界因素有哪些？

答：影响发酵饲料品质的外界因素主要是发酵工艺，包括发酵类型（如厌氧发酵、好氧发酵及先好氧后厌氧发酵等）、发酵温度、发酵时间及贮存环境等。

121. 发酵饲料样品如何保存？可以存放多久？

答：发酵饲料如进行低温干燥，则可用带防潮内胆的编织袋，常温存放 12 个月；发酵饲料如为鲜样，则应保存于带单向阀呼吸袋的编制袋中，这样低温可存放 6 个月。

122. 发酵饲料成品中的最佳 pH 范围是多少？pH 过高对产品品质有什么影响？

答：发酵饲料成品中最佳 pH 范围为 4.0~5.5。pH 过高对产品品质的影响包括：一是可能由于未充分发酵，因此产品品质不能达到出厂要求；同时，不利于产品保存，需通过有效活菌数、酸溶蛋白、总酸或料温进行判断查找原因。二是原料偏碱性时对品质略有影响，且对适口性的影响较大。

123. 发酵饲料成品中要求活菌数在什么范围内合适？

答：发酵饲料成品中的有效活菌数应不低于 1.0×10^6 CFU/g。有效活菌数与菌添加量有直接关系，添加量过低不利于发酵，发酵周期会变长，同时也可能会导致发酵失败；添加量过高会导致经济成本增加。发酵饲料成品中有效活菌数一般作为出厂指标来衡量发酵饲料品质，如果有效活菌数低于出厂指标，建议将其作为原料进行二次发酵，前提是该批产品卫生指标达标。

124. 发酵饲料总酸含量在什么范围内最好？过高或者过低是什么原因造成的？对发酵饲料产品品质有什么影响？

答：发酵饲料总酸含量控制在 0.5%～2.0% 之内，过高可能是由于人为添加，过低可能是由于发酵菌种和原料配方影响。总酸含量过高或过低均对发酵饲料产品品质有影响，如适口性。

125. 发酵饲料成品中乳酸菌、芽孢杆菌和酵母菌等菌群及其代谢产物是如何变化的？

答：饲料发酵前 12～24h 时，主要是芽孢杆菌进行迅速生长，同时产生代谢产物，之后氧气耗尽芽孢杆菌逐渐衰亡直至达到一个平衡；24～72h 主要是乳酸菌和酵母菌进行生长繁殖，并产生代谢产物；72h 后乳酸菌和酵母菌生长缓慢并逐渐衰亡，直至达到一个平衡。

126. 夏季高温季节如何有效避免发酵饲料的霉变？

答：夏季高温季节，发酵饲料在使用时尽量开包后用完，同时配料尽量不要超过 5d 的使用量；如果开包后未用完，尽量封口避免发酵体系平衡被打破。

127. 如何确保生物饲料的品质稳定?

答:微生物发酵首先要确保 4 个一致:原料特性与发酵目的相一致,发酵目的与发酵菌种相一致,发酵菌种与发酵工艺相一致,发酵工艺与发酵设备相一致。保证以上一致性,然后就是对发酵过程进行控制,主要控制 4 个参数:发酵温度、水分、pH 和发酵时间。

128. 影响生物饲料品质的前处理方式有哪些?

答:前处理从很大程度上影响后续的生物处理过程,常规的发酵前处理有:对原料进行粉碎,对原料进行灭菌,对原料进行膨化,对原料进行酸解/酶解,对原料进行糊化等。

对生物饲料原料进行粉碎,可极大地增加原料的比表面积,尽可能地增加微生物或酶和底物的接触机会,如对豆粕抗原蛋白进行处理,不经过前粉碎,微生物产生的酶就很难穿透层层阻碍,对颗粒内部的抗原蛋白进行作用,进而很难将大豆抗原进行降解;青贮发酵也是需要对原料进行粗粉,以使物料更加均质统一,有利于不同营养物质的搭配,利于发酵。

不同饲料原料因为加工方式的不同,所含杂质不一样,杂菌也千差万别,如豆粕产品中的杂菌,大概在 1.0×10^5 CFU/g 数量级以下,而菜粕、棉粕的杂菌能达

到 1.0×10^7 CFU/g 的数量级。因此，对原料的简单灭菌很有必要，尤其是一些杂粕类，如棕榈粕、低蛋白花生粕、低蛋白葵花籽粕等。

处理一些粗纤维含量高的原料，由于酶达到它作用的空间位点受阻，仅靠纤维素酶很难达到效果，因此，对其进行膨化或者酸解就很有必要。对一些淀粉含量高的原料进行糊化处理，可极大的提升降解效率。

129. 如何看待发酵饲料中的水分？

答：研究发酵饲料经常会谈到水分，菌种的活化需要水，菌种的生长繁殖需要水，同时菌种的代谢会产生水，菌种代谢过程产热又会蒸发水，水的调控在发酵过程中具有非常重要的作用。发酵饲料产品中的水分既可以作为部分可溶性代谢产物的溶剂，也可以与部分不溶性代谢产物形成溶胶，溶剂和溶胶限制了水分从物料内部向物料外部的扩散、蒸发和凝结，从而形成介于游离水与结合水之间的水分。再加上发酵代谢产物中有机酸对霉菌的抑制作用，如果代谢产物的种类和数量足够多，所形成溶液的浓度足够大和溶胶的胶黏度足够强，湿发酵饲料的水分即使达到 40%～50%，也不会霉变和结冰。反之，如果没有达到深度发酵，代谢产物不够多，即使 30% 左右的水分，也易发霉变质和结冰，因此只有在达到深度发酵的情况下，物料中的水分才有利于延长产品货架期，提高产品应用效果。

130. 优质固态发酵饲料有哪些特点?

答：发酵饲料的最终目的是为了获得高含量的代谢产物，其有效成分主要包括有机酸、酶类、生物活性小肽类、活性益生菌等，代谢产物决定了发酵饲料的适口性、可消化性和功能性。可以从以下几方面进行评估：

（1）外观指标

①看颜色　接近大宗原料颜色，而非发深发暗。

②闻气味　具有柔和酸香味，而非刺鼻酸味。

③松散度　手捏成团，手松散开，松散度好。

④货架期　货架期达 6 个月，在包装完好的情况下，无结块、胀袋或霉变。

（2）发酵菌种

多菌种（乳酸菌、芽孢杆菌、酵母菌等）科学配伍，协同发酵。

（3）发酵底物

多底物常规饲料原料，品质可控，营养丰富，安全性高。

（4）发酵模式

多菌种多底物一次性混合好氧＋厌氧深度发酵，代谢产物丰富，稳定性好。

六　生物饲料应用方案及效果

131. 生物饲料尤其是发酵饲料、菌酶协同发酵饲料在应用中有哪些注意事项？

答：①一般发酵饲料、菌酶协同发酵饲料为了保证发酵的进行，水分在 30% 以上，制作完成后应妥善储存，储存不当容易变质。在开袋情况下要求 3d 内喂完，每天随用随取，剩余部分要立即封存，避免腐败和二次发酵。

②发酵饲料储存不当容易变质，发生变质后，应根据具体情况进行相应处理。局部变质的应进行剔除，整堆变质的可转作堆肥用，不得饲喂任何动物，否则易造成畜禽中毒。

③饲喂发酵饲料时，饲喂量应逐步增加，以使家畜逐渐适应。

④发酵饲料营养价值的大小，主要取决于发酵的原料、发酵菌种及发酵工艺控制。其饲喂量应根据家畜的不同种类和生长期科学使用。

132. 畜禽、反刍、水产动物对生物发酵饲料有何特殊要求？饲喂方式有何异同？

答：不同养殖动物对生物饲料的需求比较如下：

（1）不同动物对生物发酵饲料的需求相同点

①生物发酵饲料均可以为养殖动物提供动物机体所需的营养成分；②生物发酵饲料均可改善适口性，提高饲料利用率；③生物发酵饲料所含益生菌均可改善养殖动物机体肠道微生态平衡，提高机体免疫力等。

（2）不同动物对生物发酵饲料的需求不同点

①生物发酵饲料针对不同养殖动物所使用的发酵原料有差异；②生物发酵饲料针对不同畜种及同一畜种不同发育时期使用的发酵菌群不同。

饲喂方式方面：生物发酵饲料大多可以和配合饲料混合拌匀后直接饲喂，如畜禽发酵饲料、水产发酵饲料、反刍发酵精料补充料；部分还可以直接饲喂，如反刍青贮饲料、水产发酵颗粒饲料等。

133. 如何科学使用发酵饲料？

答：目前，市场上生物饲料种类较多，使用方法也不尽相同，尤其在不同畜种上差异更大。下面以菌酶协同发酵饲料产品为例介绍如何科学使用：

①在畜禽动物（猪、鸡、鸭等）方面，可根据添加比

例（一般在 5%～15%）与畜禽配合饲料混合均匀后直接饲喂。

②在反刍动物（牛、羊等）方面，可根据添加比例（一般在 5%～15%），与反刍动物精料补充料混合均匀后直接饲喂。

③在水产动物（鱼、虾、蟹等）方面，可根据添加比例（一般在 5%～15%），与水产动物配合饲料混合均匀后直接饲喂。

菌酶协同发酵饲料产品可用于养殖动物的各生长阶段，仅添加比例略有不同。但不推荐单独在除反刍动物外的其他畜种上长期直接使用。

134. 湿基生物发酵饲料在饲料厂如何应用？

答：目前，发酵饲料、酶解饲料、菌酶协同发酵饲料以固体发酵后的湿基形式直接在养殖终端应用，且主要是自配料的养殖场。成品饲料对水分、外观、运输和产品保质期的限制严重制约了其在饲料厂的普遍和大量使用，未能充分发挥其价值。

湿基生物发酵饲料在饲料厂的使用主要有两种方式：湿基直接使用和经低温适当脱水处理后使用。

（1）湿基直接使用

①小料口直投　该方式简单方便，便于操作；缺点是混合仓内易出现部分小结团。

②先和常规原料混合粉碎再使用　该方式通过在正规

生产系统外预先混合并适当处理，避免了混合不均匀和出现结团的现象；缺点是工作量增大。

（2）经低温适当脱水处理后使用

经低温适当脱水处理后，主要脱去湿料中的大部分游离水，使其水分降低到 15%～22%。这种方式最大程度保留了新鲜生物发酵饲料中的活性功能成分（包括降低热敏感营养素损失，提高蛋白质等消化率），又可缓解水分的制约，提高了在配合饲料配方中的添加量，更能明显体现其在养殖端的应用效果。

135. 在不投建新的饲喂系统的情况下，如何在中小型养殖场使用水分较高的生物饲料？

答：水分较高的生物饲料主要是在原有饲粮基础上额外添加使用，也可替代部分原有饲粮使用，在中小型养殖场主要根据其是否自配料和是否使用干料线，分为三种使用方式：

第一种是使用商品粉状配合饲料人工投喂。可在投喂前根据生物饲料的添加比例，提前进行混合，混合均匀后直接投喂。

第二种是使用自配料，人工直接投喂。可在生产自配料时将生物饲料按照配比添加到自配料中并混合均匀，然后人工投喂。

第三种是使用自配料，使用干料线进行投喂。与第二种方式相近，也是提前在生产自配料时将生物饲料与已配好的自配料进行混匀，然后使用干料线进行投喂。

由于使用生物饲料水分较高，每次进行配料时应根据实际使用数量配制，尽量配制不超过 3d 的使用量，不可一次性配料过多，避免因添加水分过高的生物饲料导致配制后的饲料水分上升，若放置时间过长，储存不当会发生霉变。

136. 使用发酵饲料改善动物生产性能的作用机制是什么？

答：①经过微生物发酵，饲料原料中大分子物质被分解成更容易吸收的小肽、氨基酸等小分子物质，提高了饲料的可消化性，进而提高饲料营养价值。同时提高饲料适口性，增加采食量，提高动物的生产性能，提高经济效益。

②微生物发酵饲料中含有大量有益活菌，通过饲料进入肠道，有助于维护肠道微生物菌群结构，提高动物对营养物质的消化吸收率；同时有益菌竞争性抑制有害微生物的附着，在肠道黏膜上形成致密性膜菌群，进而减少氨和其他腐败有害物质的产生。有益微生物产生的乙酸、丙酸、乳酸等有机酸可使消化道内 pH 降低，抑制其他病原体微生物的繁殖，促进动物健康生长。

137. 饲料中已经添加了发酵饲料，替抗时为什么还要添加"酸化剂"？

答：酸化剂种类不同，理化性状各异，乳酸黏度大，用量太大适口性不好，用量太小酸化效果不理想，而柠檬酸口感比较好，相对来说不会导致家畜牙齿发酸。因此，在人类食品和饮料中，往往是添加柠檬酸来增加口感，很难见到使用乳酸来增加口感。其主要原因就是柠檬酸酸牙程度低，而乳酸酸牙程度高。有研究报道，柠檬酸添加量高达 $1\%\sim2\%$ 时，其提高畜禽采食量效果依然很好，而乳酸添加量一旦在 $0.8\%\sim1.0\%$ 范围时，畜禽采食量就开始有所下降。

正常情况下，发酵干料中仅仅含有 $2.0\%\sim6.0\%$ 的乳酸。按照 10% 比例添加发酵干料来计算，相当于 1t 全价饲料添加 $2.0\sim6.0$ kg 乳酸。1t 配合饲料中仅仅含有 $2.0\sim6.0$ kg 乳酸是很难真正有效降低畜禽肠道 pH 的，且难以有效防治畜禽腹泻、便秘和促进畜禽消化、生长。因此，在配合饲料中添加 10% 发酵干料的情况下，仍然需要添加乳酸以外的其他有机酸。

138. 长期饲喂发酵饲料是否会引起动物肠道菌群失调？

答：长期饲喂发酵饲料，不会导致动物肠道菌群失调，反而有促进动物肠道菌群平衡的作用。发酵饲料用益生菌发酵而来，含有大量益生菌代谢产物和益生菌活体。饲喂动物后，这些代谢产物和活菌可起到抑制有害菌生长，促进有益菌生长的作用，能有效改善动物的肠道菌群平衡状态。

139. 发酵饲料对畜禽、水产动物等不同畜种的生产性能有什么影响?

答：发酵饲料可以从多方面提高动物的生产性能：

①发酵饲料改善饲料的适口性，提高动物的采食量。

②饲料经过发酵处理后，部分大分子物质降解为小分子物质，如蛋白质降解为小肽、纤维素降解为单糖等更利于动物消化吸收的物质，提高饲料消化率，改善动物的生产性能。

③饲料原料中的抗营养因子，如胰蛋白酶抑制因子、植物凝集素、大豆球蛋白、棉酚和硫苷等，经过发酵处理后大大降低。抗营养因子水平降低提高了饲料的消化率，改善动物生产性能，有效预防动物消化障碍问题的发生。

④发酵饲料产生益生菌、有机酸、寡糖和抗菌肽等物质，改善动物肠道健康，抑制有害微生物生长，提高免疫力，缓解应激反应。

140. 菌酶协同发酵饲料在反刍动物上使用有哪些效果?

答：生产实践表明，菌酶协同发酵饲料在各阶段反刍动物上使用具有如下效果：

①可有效提高动物对饲粮的消化率，使用一周后能提高饲粮消化率10%，并有效预防营养性腹泻。

②可改善饲粮适口性，使用 3d 后可提高干物质采食量 5％以上。

③可显著提高动物抗应激效果，对运输应激、过渡应激、环境更换应激及热应激等均有较好预防效果。

④可提高肉牛的增重速度与奶牛的产奶量。

⑤长期使用发酵饲料可提高反刍动物整体健康程度，显著降低代谢疾病发生率、减少用药量，动物皮顺毛亮、膘情好。

141. 反刍动物如何科学饲喂生物发酵饲料？

答：（1）奶牛

以提高干物质采食量为目的，每头成年奶牛每天额外添加 1.0～1.5kg，不再使用其他同类添加剂，可提高单产 1.0～3.0kg。如果兼顾成本，可用发酵饲料等量替换 0.5～1.0kg 的精饲料，同时不必再使用同类添加剂。

（2）肉牛

育肥前期每天额外饲喂 1.0kg 发酵饲料，同时替换同类添加剂，可提高采食量与精饲料消化率；育肥后期每天额外饲喂 1.5～2.0kg 发酵饲料，可提高肉牛采食量和日增重，提升肉牛育肥效益。

（3）肉羊

育肥期每天额外饲喂 200～300g 发酵饲料，可提高消化吸收率及增重速度。

刚开始使用时由少到多，逐渐增加用量，切记一次性大量添加。发酵饲料最好是搅拌到 TMR 中，与其他日粮成分混合均匀后饲喂。

142. 如何评价发酵饲料在肉牛养殖上的功效？

答：评价发酵饲料在肉牛养殖上的功效最简单的办法是观察肉牛生长育肥效果的改善，表现在育肥牛采食量逐渐增加，粪便成型、细腻，粪便臭味明显降低，过料现象减少，圈舍环境臭味减轻，育肥牛被毛变亮、日增重加快、料重比改善，瘤胃酸中毒少见，夏季具有一定的抗热应激效果，瘤胃发酵异常现象减少，采食量下降幅度减轻。

发酵饲料在育肥肉牛上的功效，是通过促进瘤胃内纤维分解菌和乳酸利用菌的生长，提高瘤胃内纤维的消化并降低瘤胃乳酸累积、稳定高精饲料下瘤胃 pH，促进瘤胃微生物利用更多的瘤胃 NH_3-N 合成菌体蛋白，增加瘤胃内总 VFA 浓度，降低乙酸和丙酸的比例，提高能量转化效率，从而改善肉牛生产性能和牛肉品质，达到提质增效的目的。

143. 酶制剂对反刍动物的作用效果如何？

答：（1）饲喂前

将外源酶制剂以液态形式添加到青贮饲料中，可起到有效增加饲料的降解率；提高低水分青贮中的碳水化合物和干物质回收率，且促使微生物快速增长和减少微生物所需的滞后时间；增加该酶在瘤胃内的活性保持等作用。因此，最大限度地发挥酶制剂的应用效果，需让酶尽可能多地接触饲料日粮。

（2）瘤胃中

外源酶制剂在瘤胃环境中能够保持稳定酶活，并在瘤胃内稳定存在，因此可促进瘤胃发酵。在瘤胃内，酶的稳定性被认为酶与底物紧密结合形成酶—饲料复合体，从而使酶可以抵抗瘤胃蛋白酶的水解，起到使底物降解的作用。

（3）瘤胃后

有些酶制剂可绕开瘤胃发酵，并在反刍动物肠道食糜存活且保持很高活力，使得小肠中纤维素和淀粉的消化率得以提高。外源酶不仅可以提高瘤胃碳水化合物降解，而且通过降低食糜黏度和改善瘤胃营养物质吸收，从而提高动物的生产性能。

144. 饲喂发酵液体饲料对猪生长性能及胴体品质产生什么影响？

答：早期研究表明，无论是液体饲料（LF 或浅发酵液体饲料）还是发酵液体饲料（FLF 或深度发酵液体饲料）都能提高猪的饲料采食量和生长性能。至于料重比，仔猪的没有增高，育肥猪的改善了 6.9%。据中国农业科学院饲料研究所报道，运用高活性乳酸菌、酵母菌和芽孢杆菌对乙醇、淀粉等发酵副产物进行液体发酵，可迅速降低饲料 pH，减少大肠杆菌、沙门氏菌等有害微生物数量，饲喂后可改善肠道健康，提高营养物质消化率，同时也改善了猪肉的品质和风味。

145. 为什么饲料中添加或混配 10% 以上的发酵湿料后，家畜的采食量有时会降低？

答：生产实践中，一些猪和牛、羊养殖企业往往在饲料中添加 10% 以上的发酵湿料（即湿基发酵饲料），但是不久就会发现，猪和牛、羊的采食量慢慢降低，越来越不爱吃料。经过专家长期研究发现，其原因如下：

如同人们吃泡菜、酸菜太多会造成牙齿发酸一样，发酵湿料中的乳酸也会造成家畜牙齿发酸，并且乳酸含量越高，牙齿发酸越严重。家畜采食需要牙齿咀嚼，如果牙齿发酸，其采食量肯定会明显下降。因此，在家畜饲料中发酵湿料添加量宜在 5.0%～8.0%，一般不得超过 10%。如果日粮中发酵饲料添加剂量超过 10% 以上，可以添加适量石粉中和后再饲喂。

发酵湿料烘干后（至水分为 15% 左右）再饲喂家畜，导致牙齿发酸的缺陷就会大幅度减缓。如果发酵湿料相对酸度为 100，其烘干后酸度就能够降低到 40～50。当然，这里所谓的酸度是指牙齿发酸程度，而不是物质理化性质上的酸度。因此，如果将发酵湿料水分烘干至 15% 以下时，在家畜饲料中发酵干料的添加量可以达到 15%，约相当于发酵湿料添加量达到 20%。

146.

发酵饲料能否缓解或防治家禽"过料症"?

答：家禽饲养中普遍存在着一种以腹泻、粪中含有未消化的饲料、采食量明显下降、生长缓慢、饲料转化率低、脱水以及突然猝死为特征的疾病——家禽肠毒综合征，又称家禽"过料症"。鸡鸭鹅都会发生"过料症"，尤其以肉鸡较为严重。

发酵饲料富含有机酸、益生菌、活性小肽（包括抗菌肽）、低聚糖、酵母蛋白、生物酶、维生素等养分。其中，有机酸能够明显降低家禽胃肠 pH，有效促进饲料养分消化；益生菌能够消耗氧气，杀灭腐败菌，分泌维生素和消化酶；低聚糖能够刺激肠道益生菌的增殖，抑制病原菌的生长，有效调节胃肠功能，维持和促进肠道健康发育。试验和推广均证实，发酵饲料在一定程度上能够有效缓解或防治家禽"过料症"。

147.

酵母发酵产物对水产动物肠道有什么影响?

答：酵母发酵产物是在特定工艺条件控制下，由酵母菌在特制培养基上经过充分发酵后形成的复杂发酵产品，主要由经过发酵变性后的培养基、少量酵母细胞和酵母细胞外代谢产物组成。除含有已知的 B 族维生素、矿物质、消化酶、有机酸、寡糖、氨基酸外，还含有一些重要的未知生长因子。

酵母发酵产物能够显著改善水产动物的肠道菌群结构，促进双歧杆菌和乳酸杆菌的增殖，抑制大肠杆菌、弧菌和恶臭假单胞菌等致病菌的生长。在饲料中添加酵母发酵产物还能提高水产动物肠道黏膜褶高度、微绒毛的密度和高度。

酵母发酵产物还能提高水产动物的消化酶酶活。这与其含有较为丰富的 B 族维生素有关。B 族维生素在动物体内主要以辅酶或辅基的形式参与各种酶的催化活动。

148. 优质发酵饲料在螃蟹上的应用效果如何？

答：发酵饲料具有"绿色、安全、高效"的特点，在螃蟹养殖中得到广泛应用。生产实践中成蟹养殖应用发酵饲料，能平衡水体菌相、藻相，对蓝藻有较好的抑制作用，改善底泥，降低水体中的氨氮、亚硝酸盐等有害物质含量，调控水体 pH，稳定水质，特别是在恶劣天气如台风、高温或温差较大时，能减少动物应激反应，显著降低水投产品用量，平均亩产量提高 15%～30%，提高养殖效益。同时有利于修复和保护生态环境，促进水体生物链的良性循环。因此，应用发酵饲料是今后水产健康养殖的发展方向和必然趋势。

149. 优质发酵饲料在龙虾上的应用效果如何?

答:随着龙虾集约化精养模式的快速发展,龙虾疾病暴发日益突出,养殖产量低,效益不佳。在生产中应用优质发酵饲料,在养殖前期,虾苗生长速度快,肥水效果好;在养殖中后期,能有效调控水体生态环境,水质稳定,肠道粗壮,整齐度好,同期对比发病率降低 15%~20%,产量提高 30% 左右,特别是有养殖户在种虾苗塘应用优质发酵饲料后,虾苗亩产由 150kg 提高到 300kg;在卖虾前 1~2d 全部用优质发酵饲料代替全价料使用,卖虾时活力强、体表干净、耐运输。优质发酵饲料是龙虾健康高效养殖的好伴侣。

150. 优质发酵饲料对畜禽舍环境有何影响?

答:优质生物发酵饲料是富含丰富的活性代谢产物及有益菌的功能性饲料,在改善养殖环境方面发挥重要作用,长期使用能提高饲料消化率,大大减少畜禽排泄物中的有机物、氮、磷等的含量,从而减少它们对土壤、空气和水体的污染。据大量文献报道,养殖场使用优质发酵饲料 30d 后,舍内一氧化碳、一氧化二氮、氨气、甲烷、硫化氢等有害气体浓度显著下降,其中蛋鸡场平均下降 50% 以上,猪场平均降低 30% 以上,有效改善舍内外养殖环境,提高动物福利,有利于节能减排和健康养殖。

中国生物饲料产业创新战略联盟分联盟简介

生态循环养殖专业联盟通过发酵工程、养殖工程关键技术和配套技术的集成创新，构建最前沿的地源饲料资源应用模式，创新性构建健康可持续的生态循环养殖产业，形成养殖设备和设施标准及专有技术，完成产业化示范，推动现代化养殖产业发展。

饲用抗生素替代品专业联盟通过抗生素替代关键技术和配套技术的集成创新，搭建最前沿的抗生素替代技术转化渠道，形成抗生素替代品产业标准和专有技术，为抗生素替代产业发展提供技术支撑和产业化示范，为食品安全提供保障。

发酵饲料专业联盟通过生物发酵饲料关键技术和配套技术的集成创新，旨在搭建最前沿的生物发酵饲料技术转化渠道，形成生物发酵饲料产业标准和专有技术，为生物发酵饲料产业发展提供技术支撑，带动产业化示范，推动发酵饲料产业发展。

让我们一起致力于生物饲料产业的发展，期待您的加盟！

中国生物饲料产业创新战略联盟会员申请表

申请加入的联盟	□生态养殖专业联盟　　□抗生素替代品专业联盟 □发酵饲料专业联盟				
单位全称					
单位性质	□独资　□合资　□股份　□国有　□民营　□科研院校				
通讯地址			邮编：		
是否上市	□是　　　　　　□否		微信：		
负责人		职务	手机	E-mail	
联系人		职务	手机	E-mail	
单位简介（包括资本构成、主营业务、收入情况、员工情况等）					
希望联盟给予哪些方面的支持					

联盟加入申请： 　　我单位自愿加入中国生物饲料产业创新战略联盟，承认并拥护联盟章程，遵守联盟会员的各项权利与义务，积极支持联盟工作，按时参加联盟活动。特此申请 　　负责人签字： 　　（单位签章）　　　年　月　日	联盟受理意见： 　　经办人： 　　（盖章）　　　年　月　日

备注：申请表填完后，发送至秘书处邮箱：chenjingjingbest@163.com。

鲜肽美味　吃的健康

勃　　乐－Ⅳ

（第四代生物发酵技术）

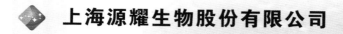上海源耀生物股份有限公司

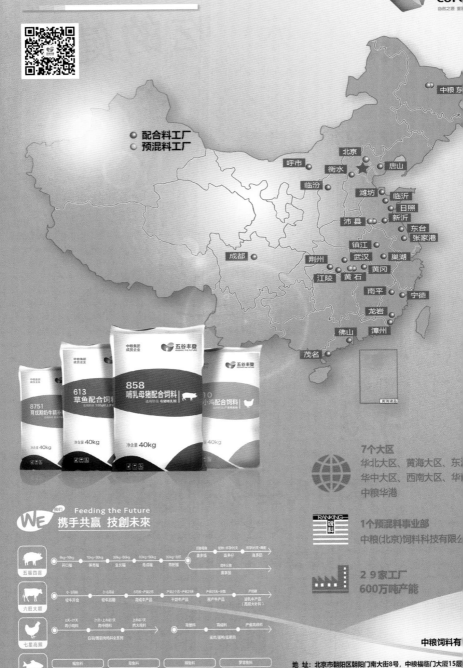

中粮集团成员企业

中粮
COFCO

● 配合料工厂
○ 预混料工厂

中粮 东

北京
呼市
衡水　唐山
临汾
潍坊　临沂
日照
新沂
沛县　东台
张家港
镇江
成都　荆州　武汉　巢湖
江陵　黄冈
黄石
南平　宁德
龙岩
佛山　漳州
茂名

7个大区
华北大区、黄海大区、东…
华中大区、西南大区、华…
中粮华港

1个预混料事业部
中粮(北京)饲料科技有限公…

2 9家工厂
600万吨产能

Feeding the Future
携手共赢 技創未来

中粮饲料有

地 址: 北京市朝阳区朝阳门南大街8号, 中粮福临门大厦15层…
电 话: 86-010-8…

生的如何已成过往
考的如何既成事实
人生，贵在逆袭

弱仔逆袭神器
超母奶

安徽五粮泰生物工程股份有限公司

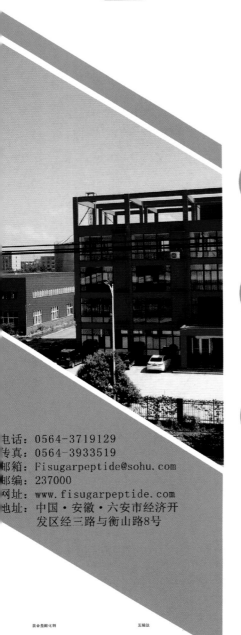

三仪集团简介

　　三仪集团始建于一九九八年十二月，是国内最早从事动物基因工程细胞因子类生物兽药研发与推广的高新技术企业，一直致力于人类及其生存环境的生物安全事业。集团经过二十年的锤炼与成长，已发展成为集动保、营养、牧场环控、人类健康产业的研发、生产、市场推广为一体的大型高科技实业集团，产业板块涵盖人用功能性食品、细胞因子类生物兽药、中兽药、诊断制剂、第三方检测、生物饲料、低蛋白日粮、微生态制剂及酶制剂等饲料添加剂、水产养殖环境改良、养殖环境监测评估和控制、畜禽粪污资源再生无害化处理等领域，持续为客户提供有竞争力、无药残、安全可信赖的产品、解决方案及增值服务。

　　集团现拥有4家国家级高新技术企业、是中国驰名商标企业、国家科技成果重点推广项目计划依托企业、十三五国家重点研发计划"畜禽重大疫病防控与高效安全养殖综合技术研发"重点专项《新型兽用长效干扰素等细胞因子系列产品研制》项目依托单位、拥有中国农科院博士后科研工作站、辽宁省民营企业博士后科研基地、辽宁省企业院士工作站、辽宁省省级企业技术中心、江苏省企业院士工作站、江苏农牧业抗生素替代技术工程研究中心等科研载体平台，同时与国内外高等院校、科研院所展开深度广泛的产学研联合，成效斐然。2017年12月，三仪砺时20年潜心研制的重组鸡白细胞介素-2被农业部批准为国家一类新兽药，同年7月，动物用重组白细胞介素的生产方法荣获大连市技术发明专利一等奖。2018年12月，大连三仪动物药品有限公司检测中心获得中国合格评定国家认可委员会CNAS实验室认可证书。2019年4月，大连三仪申报的芪芝口服液获批国家三类新兽药。同年，国托检测集团旗下四家分公司分别在辽宁大连、江苏邳州、山东菏泽、山东新泰先后注册成立。

　　从科研到产业，从原料到产品，三仪一直参与和推动从农场到餐桌食品安全体系的建设，打造无抗养殖，帮助合作伙伴创造竞争力，并赢得合作伙伴的信任和尊重。

大连三仪动物药品有限公司

江苏三仪生物工程有限公司

山东菏泽三仪生物工程有限公司

江苏三仪动物营养科技有限公司

江苏昌浩水产科技有限公司

江苏巨托生物科技有限公司

我在三仪很重要·三仪对我很重要

江苏长寿集团南山生物科技股份有限公司，是一家集研发、生产、销售、技术推广服务为一体的高端科技型集团企业，以"健康美味鱼虾蟹，有益人类更长寿"为愿景，致力于用功能饲料和生物科技解决方案促进水产养殖生态健康提质增效。南山生物科技以科技创新为先导，以产品用户为核心，以连接共生为力量，打造新时代水产业最富活力的共生共赢创业创富平台，志创新时代名特优水产功能饲料和生物科技解决方案市场引领者！

江苏长寿集团南山生物科技股份有限公司
JIANGSU LONG-LIFE GROUP NANSHAN BIOTECHNOLOGY CO. LTD
公司地址：江苏省如皋市城北街道仁寿路216号
生产地址：江苏金湖县经济开发区宁淮大道9-1号
全国统一服务热线：400-100-9050

专注 生物技术
引领 无抗时代

WWW.SUNHY.CN

股票代码：430034

九州大地集团
大地股份：430034

大地肽宝

无抗

生物活性

免疫保健

生态环保

维护肠道免疫功

改善肠道微生态环境

迅速增强动物机体免疫力

改善皮毛质量，提高肉品质

提高动物泌乳水平和乳指标

快速显著提高采食量、日增重

产品适用于反刍动物、猪、蛋禽、狐貉等

辽宁九州生物科技有限公司

🏠 地址：铁岭县腰堡镇台湾工业园
📞 电话：024-79091888

说 老实话
办 老实事
做 老实人
说到就要做到
要做就做最好

替代只是开始　无抗美好未来

沈阳盛成牧业有限公司
SHENYANG SHENGCHENG ANIMAL HUSBANDRY CO., LTD.
ADD：辽宁省沈阳市苏家屯区陈相屯镇塔山委
TEL：024-89598328　FAX：024-89598989

抗菌素 ⁺

广谱抗病菌、抗病毒！功效1+1>2！

国家高新技术企业
内蒙古汉恩生物科技有限公司
地址：通辽经济技术开发区清河大街西段
电话：400-660-6045 0475-8618555